U0939273

城市交通规划
及交通拥堵治理策略研究

刘丽华　著

中国原子能出版社

图书在版编目 (CIP) 数据

城市交通规划及交通拥堵治理策略研究 / 刘丽华著 .
-- 北京：中国原子能出版社，2019.4
ISBN 978-7-5022-9769-5

Ⅰ . ①城… Ⅱ . ①刘… Ⅲ . ①城市规划—交通规划—研究②城市交通—交通拥挤—交通运输管理—研究 Ⅳ . ① TU984.191 ② U491

中国版本图书馆 CIP 数据核字（2019）第 082455 号

内容简介

城市交通是城市发展与社会经济活动的重要支撑，有时会不可避免地发生交通拥堵，这就需要对城市交通进行合理的规划。本书内容是从城市交通规划和城市交通拥堵治理来对城市交通问题进行分析，包括城市交通的发展沿革、现状，城市交通道路的规划和交通优化，还有对拥堵现象的治理。书中内容详细，从理论体系着手，从实践角度出发，提出相应的对策，完善交通规划，是一本反应交通规划与拥堵治理的研究著作。

城市交通规划及交通拥堵治理策略研究

出版发行　中国原子能出版社（北京市海淀区阜成路 43 号 100048）
责任编辑　张　琳
责任校对　冯莲凤
印　　刷　北京亚吉飞数码科技有限公司
经　　销　全国新华书店
开　　本　787mm × 1092mm　1/16
印　　张　16.25
字　　数　211 千字
版　　次　2019 年 7 月第 1 版　2024 年 9 月第 2 次印刷
书　　号　ISBN 978-7-5022-9769-5　　定　　价　65.00 元

网　　址：http://www.aep.com.cn　　E-mail:atomep123@126.com
发行电话：010-68452845

前　言

在人类历史的发展进程中，交通方式的进步一直是人类文明进步的写照。"交通"作为人类生产和生活的实践成果之一，它的产生与发展是与人类历史同步的。然而，中国，关于城市交通的研究是在20世纪后才开始的。一百多年的时间中，对城市交通的研究随着科技与经济的发展，不断繁荣壮大，目前已有丰硕的理论与实践成果。

道路交通是影响国民经济和社会发展的基础产业，它也是城市生存和运行的保障。伴随着社会经济的快速发展，现有的城市交通已无法适应居民日益增长的出行、运输要求，城市交通拥堵问题开始引起人们的关注，拥堵使得交通无法适应居民日益增长的出行，运输要求。因此，寻求交通规划思路的转变并建立相应的规划理论和方法具有现实的必要性和紧迫性。城市交通建设领域的变革对城市交通规划的思想和技术都产生了深远的影响。在城市交通规划和城市总体规划的相互反馈关系中，城市交通规划和城市土地使用规划之间的关系是重中之重，它关系到整个城市的交通状况。规划思想以及规划背景的变化，使得交通发展战略规划的地位和作用越来越突出。交通发展战略规划不可能也不应仅仅停留在其技术层面，而应站得更高，重视战略规划中的控制管理规划以及政策规划，加强向其他的与交通或可能会与交通相关的众领域的渗透。在这些理论的基础上，作者撰写了《城市交通规划及交通拥堵治理策略研究》一书，内容从城市交通规划的总体论述，到当下交通拥堵治理策略的深入研究。

本书从两个大方向上来论述，一是城市交通规划，二是交通拥堵治理。首先对我国城市交通进行了分析，了解交通发展的总体情况,结合先进的理论对城市道路交通规划做出分析,在分析基础上又较全面地阐述了道路设计和土地协同规划的相关内容。其次是针对交通拥堵现象进行论述,详细分析城市拥堵的原因、特性、现象及影响,并且对城市交通优化做出论述。最后是对城市交通拥堵的策略分析。作为目前的社会热点,它体现出作者对交通拥堵问题治理的重视。在撰写的过程中,本书理论知识极为丰富,并注意将理论与实际相结合,有较强的实用性。在相关资料图表的选择上,本书以最新的资料为标准,紧跟时代的脚步。

笔者在撰写本书时,从许多同仁前辈的研究成果中受益匪浅,在此向他们表示诚挚的感谢。本书虽然力求全面、分析透彻,但由于本人水平有限,在撰写时难免存在不足之处,对此还请读者批评指正。

作　者

2018 年 11 月

目 录

第一章　城市交通的概述

一个国家、一个地区、一个城市的交通运输系统，是由各种相对独立而又互相配合、互为补充的交通类型组合而成的。城市交通就是一个独具特色，并同样由多种类型交通组合而成的交通系统。本章对城市交通的历史、发展以及规律进行研究与分析。

第一节　城市综合交通

一、城市综合交通概述

所谓城市综合交通即是涵盖了存在于城市中及与城市有关的各种交通形式，包括城市对外交通在城市中的线路和设施。城市对外交通与城市交通通过客运设施和货运设施形成相互联系、相互转换的关系。

城市综合交通可以按不同的交通方式进行细分类。各类城市对外交通的规划决定于相关的行业规划和城镇体系规划，各类城市交通的规划决定于城市的用地布局和居住与工作的流动关系。各类城市交通又与城市的运输系统、道路系统和城市交通管理系统密切相关，如图 1-1 所示。

（一）城市对外交通

城市对外交通泛指城市与其他城市间的交通，以及城市地域范围内的城区与周围城镇、乡村间的交通。其主要交通形式有：

航空、铁路、公路、水运等交通。城市中常设有相应的设施，如机场、铁路线路及客、货站场，公路线路及长途汽车客、货站场，港口客、货码头及其引入城市的线路。在城市规划中主要关注对外交通与城市交通的衔接关系和对外交通设施在城市中的布置，而市域对外交通的总体布局应该主要尊重各专业部门的规划，并符合城镇体系发展和城、镇、乡村相互联系的要求。

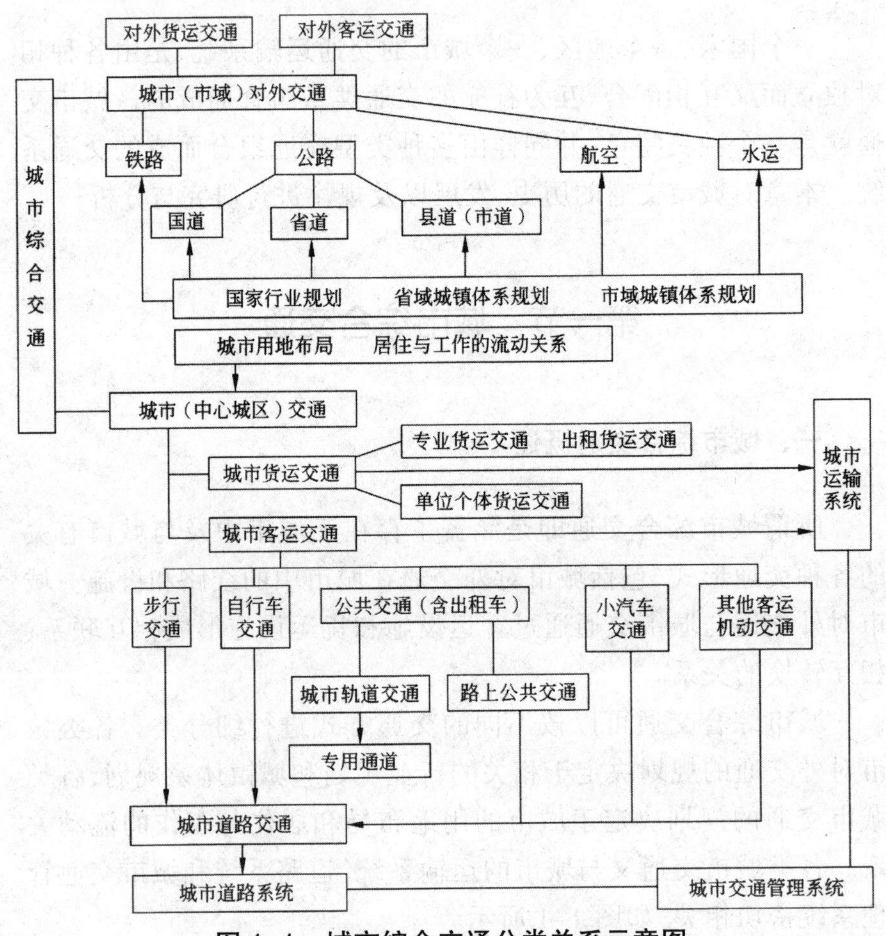

图 1-1　城市综合交通分类关系示意图

（二）城市交通

城市交通是指城市（区）范围以内的交通，或称为城市各种用地之间人和物的流动。这些流动都以一定的城市用地为出发点，以一定的城市用地为终点，经过一定的城市路径而进行的。

通常所指的城市交通是指城市道路上的交通，主要分为货运交通和客运交通两大部分，城市道路上的交通是城市交通的主体，城市客运交通是城市交通研究的重点。现代大城市的发展表明，单纯依靠城市道路是不能满足城市交通的需要的，大城市中城市轨道交通（地铁、轻轨等）将具有重要的地位和作用。此外，在一些城市还会有城市水运交通（轮渡、船运）和其他方式的交通。

（三）城市公共交通

城市公共交通是在城市地区供公众乘用的各种交通方式的总称，是使用公共交通工具的城市客运交通，是城市交通中与城市居民密切相关的一种交通。包括公共汽车、有轨电车、无轨电车、地铁、轻轨、缆车、轮渡、水上航线、出租汽车等。

（四）城市交通系统

我们通常把以城市道路交通为主体的城市交通作为一个系统来研究。城市交通系统是城市大系统中的一个重要子系统，体现了城市生产、生活的动态的功能关系。

城市交通系统主要由城市运输系统（交通行为的运作系统）、城市道路系统（交通行为的通道系统）和城市交通管理系统（交通行为的控制与保障系统）所组成。城市道路系统是为城市运输系统完成交通行为而服务的，城市交通管理系统则是整个城市交通系统正常、高效运转的保证。

二、城市综合交通系统功能组织

（一）城市与交通发展阶段

《雅典宪章》指出，城市活动可以分为居住、工作、游憩和交通四类，交通实现人和物的移动，对于其他三项活动起到支撑作用。

城市交通系统演化是城市发展重要组成部分，与城市产业经济、空间拓展和资源环境等存在紧密互动关系。

1. 从工业城市到后工业化城市

城市交通发展向产业经济追本溯源。工业化初期，城市交通系统主要承担大量散货运输需求，人均出行强度较低、平均出行距离较短。工业化中后期，经济增长对原材料依赖减小，客运需求随着居民生活水平提高而稳步增加。城市进入后工业化阶段，产业结构以高技术产业和服务业为主，人员快速流动成为促进资金流动和贸易活动的关键，高机动化出行需求激增，同时更加注重出行体验，强调交通安全性、舒适性和便利性。

2. 从城市化到大都市区化

大都市区突破既有的城市行政边界，以劳动力市场为城市边界的评判标准，是城市与周边地区功能整合、互利共生的高级城市化阶段。交通系统作为资源空间配置的重要载体，相应地城市交通体系也转向都市区层面布局，需同步建设区域快速交通体系，支撑都市区层面人员与物资快速流通的需求。

3. 交通发展受到资源约束

资源约束下的城市交通可持续发展已成为21世纪全球城市发展的共同命题，第21届联合国气候变化大会签订《巴黎协定》，将城市交通节能减排提到新的高度。在资源环境的条件约束之下，不断创新优化城市交通发展模式，加快落实公交优先战略，推进诸如小客车调控等需求管理政策，确保城市交通由粗放式发展向环境友好式发展的转变。

（二）城市交通发展模式选择

1. 以小汽车交通为标志

有学者提出，根据小汽车的发展，城市交通发展可以分为前汽车时代、汽车时代和现代综合交通三个阶段，与城市发展阶段的对应关系如表 1–1 所示。

表 1–1　中西方不同时代的城市交通发展阶段

西方	
城市发展阶段	城市交通发展阶段
前工业社会	前汽车时代
工业社会	汽车时代
后工业社会	现代综合交通
信息社会	
中国	
城市发展阶段	城市交通发展阶段
1949 年以前	前汽车时代
计划经济时期	准汽车时代
改革开放以后	现代综合交通

2. 以公共交通为标志

根据公共交通的发展，城市交通发展亦可以划分为三个阶段。

阶段 1：社会经济处于较低的发展阶段，主要通过发展地面常规公交系统满足不断增长的交通需求。同时，由于能够对常规公共交通形成有效的补充，公共中小巴等辅助性客运系统逐步兴起。

阶段 2：随着社会经济的快速发展，交通需求迅速增长，原有单一的常规地面公交难以满足交通需求，开始投资兴建轨道交通，并开始整合轨道交通与常规公交系统，同时限制辅助客运系统，以提高客运交通系统的效率。

阶段 3：社会经济发展到较高水平，通过多模式客运交通方式的全面整合，形成综合、协调和高效的客运交通体系。

据此，香港、新加坡和深圳的交通发展阶段划分如图 1–2 所示。

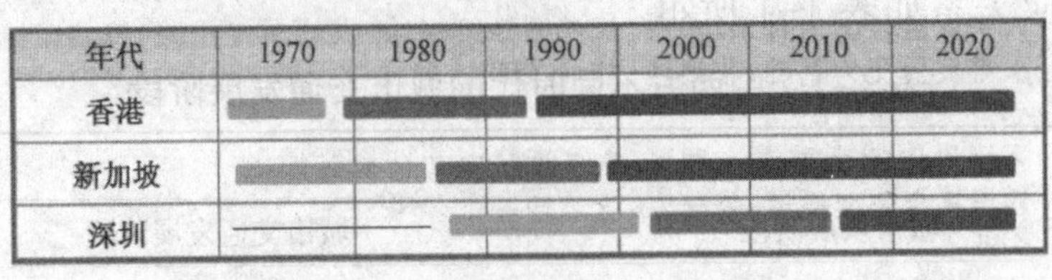

第一阶段 第二阶段 第三阶段

图 1-2　香港、新加坡和深圳的交通发展阶段

（三）大城市交通体系协调要点

遵循“分区、分类”的差别化、一体化的原则，提出不同城市、不同地区各类交通模式的功能定位、优先顺序、组织方式、资源配置要求，协调交通与土地利用，推动重大交通政策、发展策略与行动计划的有序实施。

1. 以公共交通提升空间组织效能

完善由区域城际铁路、城市轨道、中运量公交等多种模式构成的公共交通系统，推进 TOD 发展模式。充分发挥公共交通复合廊道对城镇体系的支撑和引导作用，强化公共交通枢纽对核心城市、重要地区的集聚带动作用，突出以轨道交通站点为核心的土地复合利用，推进城市功能整合和优化布局。

2. 多枢纽引导多中心空间格局

区域一体化前景下，经济、人口的承载不应过度依赖核心的特大城市，着重通过区域多中心结构建设，围绕多枢纽体系的交通区位优势，引导多中心空间格局构建，推动区域相对均衡发展，实现整体承载力的提升。通过国家铁路、城际轨道枢纽引入外围中心，提升外围节点面向区域交通区位优势，同时实现外围中心与中心区的快速联系，保障城市中心体系间的区位优势，促进城市空间围绕多中心体系格局进行资源与功能配置。

3. 分区差别化交通政策

城市发展阶段和需求分化加大，促使区域交通体系的构建要强化分区、分层的理念，引导空间格局优化。应遵循“分区”的差别化、一体化的原则，结合城市分区功能组织要求、交通供需关系，提出差别化的交通供给策略，包括重大战略设施、交通需求调控策略等。针对不同城市规模、不同区域、不同走廊的城市活动和交通需求特征，制定不同交通方式的协调策略和布局原则，以大城市客运交通系统协调为例，具体协调要点如表 1-2 所示。

表 1-2 不同交通方式的协调策略和布局原则

	公共交通	步行和自行车交通	个体机动化交通
一类区	承担客运主体功能，优先保障公交路权：大中运量公交为骨架，多层次常规公交为基础，非集约型公交为辅助；客流集中的高需求走廊可建设复合公交通道、公交专用路；公交乘降设施、公交场站的布局设置应满足高强度集聚客流的需求；优先保障轨道站点周边公交接驳场站用地，围绕轨道站点形成城市综合客运枢纽	主要承担中短距离出行、公交接驳换乘功能：优先保障路权，除机动车专用路外，各等级道路均应设置安全、连续的步行道；在各片区内和交通走廊上，应结合道路条件、交通需求设置安全、连续的自行车道；步行和自行车设施与轨道和快速公交站点、周边建筑紧密衔接，可设置电梯、自动步道、风雨连廊等步行辅助设施；人流密集的商业办公区，可围绕轨道站点、周边建筑设置多层次立体步行系统；商业、旅游地区可设置行人优先的步行街区	严格控制高峰时段小汽车通勤交通：机动车道可适当压缩宽度，居住区、人流密集的商业办公区可采取稳静化措施；停车设施应适度满足基本车位、严格控制出行车位，商业办公建筑停车配建采取低下限、控制上限，控制商业办公区路内停车位规模
二类区	鼓励公交优先，保障公交路权：在客流走廊布设大中运量公交、常规公交干线，其他地区布设常规普线、支线，非集约型公交为辅助	主要承担中短距离出行、公交接驳换乘功能：构建安全、连续的步行和自行车网络；在轨道和快速公交站点周边设置接驳设施	适度控制小汽车出行：在保障公交路权的前提下设置机动车道；停车设施应适度满足基本车位、控制出行车位
三类区	根据需求布设常规公交支线、灵活的非集约型公交	步行和自行车基本网络；休闲、健身的慢行通道、绿道	较宽松小汽车控制：机动车道宽度相对宽松，允许较宽松停车供应

第二节　城市交通规划的沿革

一、秦汉时期的交通

（一）秦汉版图及域外交通

秦始皇二十六年，秦统一中国，《史记》记其统一后的大政，以“车同轨”和“一法度衡石丈尺”“及书同文字”同列。汉儒编定的《中庸》，也说：“今天下，车同轨，书同文，行同伦。”“车同轨”这句话，实在充分表现了秦汉交通之大一统的新精神。

于“车同轨”一语所表示者外，秦汉交通之具体地表现大一统的精神者，甚为普遍。这时的交通，有一个全国最大的中心。这时的交通建设，如道路的开辟和河渠的开凿，也都有一个辐射的焦点。这时的交通组织，如馆舍、邮驿等，也都有系统地普及于全国各地。这都和先秦时代之富于局部性的交通，大有分别。这是秦汉交通之一最大的特征。至于在交通区域方面，除在国内者外，则与“西域”“东夷”和南海上的民族，都开始了往来。这也是秦汉交通比先秦交通所特别发展的一点。而这一点，大体上，也是当时的政府，挟着它大一统的国家力量向前推进而得到的。

秦汉交通区域，在国内者，因版图的开拓，较战国末年更为广阔。秦始皇时，中国国境，北至于渔阳、上谷、云中、九原，西至于陇西、巴、蜀，东至于辽东及东海之滨，南至于南海、桂林、象郡；北境东境略如战国之旧，而西境已及于现在的甘肃兰州一带，南境已及于现在的广东、广西及安南的北境。汉武帝时，对于旧日秦的疆域既已完全承继，并在北方开朔方郡，西北开武威、张掖、酒泉、敦煌诸郡，东北开玄菟郡、乐浪郡，西南开犍为、越嶲、牂舸、益州、交趾、九真诸郡，东南开珠崖郡、合浦郡。于是，自今之朝鲜北部、辽宁、河北，沿海岸而南，至于广州、海南岛以及安南北部，北经云南、四川、甘肃，东至宁夏、绥远、察哈尔、热河四省的南部，全入了汉的版图。这是秦汉时代，国内交通区域最宽广时候的情形。从桓、灵以后，直至隋的统一，中国国境的全部虽不免时有增减，但在这三百七十年间，中国境内分割的局势，实在把一个整个的交通区域割成好几个小区域。桓、灵以后的中国全幅版图，已不是一个完整的交通区域；全国国境的增减，已不能表示交通区域的广狭了。

秦汉交通，随着国内交通区域的开拓，也开始和域外有了往还。秦始皇时，曾派遣徐福率领童男女数千人人海求不死之药。后来，药没有求来，人也没有了影。据说，这位徐先生是有意逃避秦始皇的责罚，而是率领了这些童男女，移殖到倭人的亶州那里去的。这个说法的是非，在日本学者中，已成了一个专门问题，尚难得一可信的结论。但这事即使不可靠，而秦之通朝鲜半岛，则是可信的。《魏志》卷三十说：“辰韩，在马韩之东。其耆老传世，自言古之亡人，避秦役，来适韩国。马韩割其东界地与之。有城栅，其言语不与马韩同。名国为邦，弓为弧，贼为寇，行酒为行觞，相呼皆为徒，有似秦人，非但燕、齐之名物也。名乐浪人为‘阿残’：东方人名我为阿，谓乐浪人本其残余人。今有名之为秦韩者。”所谓“有似秦人，非但燕、齐之名物”，是这一大批的移民中，有与辰韩在今朝鲜南部相离不远的燕人，有与辰韩对岸居住的齐人，而更多的人数是从关中来的秦人。这可见，秦时中国人之赴辰韩者，系来自各地，而秦时人对于朝鲜半岛关系的深厚，又不止交通而已了。

桓、灵二帝后，汉家在政治上的力量大大地衰落。献帝末年，中国从实质上已经分裂的局面，更进而在名义上，也成为魏蜀吴三国的鼎峙。此后，晋虽继承曹魏，收平吴、蜀，但不久就有八王的变乱和五胡十六国的纷扰。晋室南渡后，偏安江左。于是，历宋齐梁陈，以至于陈的灭亡，一直为南北朝对抗的形势。这时，秦汉在政治上之大一统的规模，大被破坏。这时的交通，虽有一两个新兴的区域性的交通中心，但在全国的交通上，已决不能占据最高的地位。这时的河渠、道路以及馆舍、邮驿,一部分仅能因袭秦汉之旧,一部分则已较秦汉时大为败坏:其间虽也有一些新的进展,而论规模和影响,都大非秦汉之比。至于在交通区域方面,在国内者因各方割据之结果,不能如以前之四往畅达,已不必说;国外交通,虽在南海方面略有发展,而中外交通之盛,若就全体而论,亦不能和汉家等量齐观。就中国交通史的全局上说,秦汉四百四十年间,可说是秦汉时代的全盛时期。魏晋南北朝三百七十年间,可说是秦汉时代的沦落时期。

汉时,中国与倭的交通,较秦时为显著。《汉书·地理志》说:“夫乐浪海中,有倭人,分为百余国,以岁时来献见云。”《后汉书·东夷传》说:“倭在韩东南大海中,依山岛为居,凡百余国。自武帝灭朝鲜,使驿通于汉者,三十许国。……建武中元二年,倭奴国奉贡朝贺,使人自称大夫,倭国之极南界也。光武赐以印绶。安帝永初元年,倭国王师生等献生口百六十人,愿请见。”光武所赐的“汉倭奴王”金印,已经于西元一七八四年,在日本九州筑前地方发现,可证建武中元二年来中国的倭人,是居住在九州地方的人。

汉与韩的关系,未见《汉书》记载,但韩北与乐浪接,南与倭近,西汉与韩不会无所往来。《后汉书·东夷传》分韩为三种,于辰韩外,记有马韩和弁韩。它说:“建武二十年,韩人廉斯人苏马諟等诣乐浪贡献。光武封苏马諟为汉廉斯邑君,使属乐浪郡,四时朝谒。”这是在东汉初年,韩已为中国的外臣。在南海方面,汉自武帝始,也开始了远距离的交通。《汉书·地理志》说:“自日南障塞、徐闻、合浦,船行可五月,有都元国。又船行可四月,有邑卢没国。又船行可二十余日,有谌离国。步行可十余日,有夫甘都卢国。自夫甘都卢国,船行可二月余,有黄支国,民俗略与珠厓相类。其州广大,户口多,多异物,自武帝以来,皆献见。有译长,属黄门,与应募者,俱人海,市明珠、璧、流离、奇石异物。赍黄金杂缯而往。所至国,皆禀食为偶。蛮夷贾船,转送致之。亦利交易,剽杀人。又苦逢风波溺死。不者,数年来还。大珠,至围二寸以下。平帝元始中，王莽专政，欲耀威德，厚遗黄支王，令遣使献生犀牛。自黄支船行，可八月，到皮宗；船行可二月，到日南象林界云。黄支之南，有已程不国，汉之译使自此还矣。”据费琊的考证，黄支国为 Kanci 之译音，即今之康迦法拉母在印度境内马德拉斯的西南。夫甘都卢国则似为缅甸的蒲甘古城，遗迹在今伊拉瓦底江的左岸。皮宗，即蒲牢皮散岛，地在马来半岛西南沿岸，北纬一度三十分之间。

这可见，自汉武帝时始，南海上的航船，来往于日南、徐闻、合浦及印度东岸间者颇有相当的繁盛，而在这些航行人中，很有一些人是为交易货物而往来的。东汉时，南海交通之盛，似仍不减于昔。《后汉书·西域传》说：“天竺国，一名身毒。……至桓帝延熹二年，频从日南徼外来献。”又说：“至桓帝延熹九年，大秦王安敦，遣使自日南徼外，献象牙、犀角、玳瑁。”这是在东汉末年，日南、印度间的交通迄未断绝，而远西的罗马即大秦也在这时从南海方面，和中国有一度的交通了。

汉的域外交通，在西域方面者，较在倭、韩、南海者，尤为繁盛。自武帝时，张骞凿空，西行之道大开。《汉书·西域传》说：“西域，以孝武时始通。本三十六国，其后稍分至五十余，皆在匈奴之西，乌孙之南。南北有大山，中央有河，东西六千余里，南北千余里。东则接汉，厄以玉门、阳关，西则限以葱岭。其南山，东出金城，与汉南山属焉。……自玉门、阳关出西域，有两道。从鄯善傍南山北，波河颜师古日，波河，循河也。西行，至莎车，为南道。南道西逾葱岭，则出大月氏、安息。自车师前王庭，随北山，波河西行，至疏勒，为北道。北道西逾葱岭，则出大宛、康居、奄蔡、焉耆。”汉人足迹之广，于是，遂得至于大宛、康居、大夏、大月氏、焉耆、奄蔡，以至于安息。《史记·大宛列传》说：“天子好宛马，使者相望于道。诸使外国一辈，大者数百，少者百余人。……汉率一岁中，使多者十余，少者五六辈。远者八九岁，近者数岁而反。”这可见武帝时，汉使者往来西域之频繁。《汉书·西域传》又说：“武帝始遣使至安息。王令将，将二万骑迎于东界。”这又可见汉使者在当时波斯即安息人中，是受怎样的优崇了。天竺、大秦，在未从南海与中国交通前，也从西域方面，为汉人所熟闻。并且天竺与中国间的正式交通，也在武帝时自西域方面开始。东汉时，中国和西域的交通，约略如旧。而班超遣甘英使大秦，抵条支，穷西海，则汉人的足迹更达于地中海的东岸了。

汉武帝最初打算开通西域的时候，目的在联合大月氏，以控制匈奴。在开通的时候，曾消耗了许多武力和大量的财富。《汉书·西域传赞》说："孝武之世，图制匈奴，患其兼从西国，结党南羌。乃表河曲，列西郡，开玉门，通西域，以断匈奴右臂，隔绝南羌、月氏。单于失援，由是远遁，而幕南无王庭。遭值文景玄默，养民五世，天下殷富，财力有余，士马强盛，故能……闻天马蒲陶，则通大宛、安息。……及赂遗赠送，万里相奉，师旅之费不可胜计。至于用度不足，乃榷酒酤，筦盐铁，铸白金，造皮币，算及车船，租及六畜，民力屈，财用竭。"这可见，开通西域，在当时是具有怎样的意义，以及开发时是怎样的努力了。西域既通，在军事上是"断匈奴右臂"。在经济上，则有汉家缯帛在安息等地为主要的商品。在动植物的输入上，则有大宛马和葡萄、苜蓿、石榴、胡桃及胡麻等之入华。在艺术及技巧上，则有《摩诃兜勒曲》之传人长安及希腊作风之影响于汉镜之制作等。《后汉书·西域传》，"天竺国"条下，说："和帝时，数遣使贡献，后西域反叛，乃绝。至桓帝延熹二年四年，频从日南徼外来献。世传明帝，梦见金人长大，顶有光明，以问群臣。或曰：西方有神，名日佛。其形长丈六尺，面金黄色。帝于是遣使天竺，问佛道法。遂于中国图画形象焉。"明帝的梦固不可信，但佛教因中印交通之发达，得以东来，则决无疑问。依和帝以前，从天竺到中国之习惯的路程说，似乎佛教也是经由西域传过来的。

（二）秦汉时期的道路与河渠

秦汉的交通建设，在道路和河渠方面，以及馆舍、邮驿，都很注意。道路之开辟者，有驰道，通西南夷道，通南越道，褒斜道，回中道，子午道，飞狐道，马援所刊道和峤道。

驰道，是秦始皇二十七年开始修筑的。驰道所采的路线，都是按最近的距离规定的，没有什么迂回曲折的地方，所以又叫作直道。驰道的通达区域，据贾山说，是"东穷燕、齐，南极吴、楚，江、湖之上，濒海之观毕至"。驰道的建筑，是"道广五十步，三丈而树，厚筑其外，隐以金椎，树以青松"(《汉书·贾山传》)。驰道路线之长，宽度之阔，取道之近，建筑之坚实侈丽，真是一个前古无匹的大工程。

秦汉间的乱离，秦的驰道似乎并没有完全破坏。汉初，中国未定时，驰道所经的地方，在军事上很能表现一种相当的价值。《史记》记周勃事，说他"从高帝击反者燕王臧荼，破之易下。所将卒，当驰道为多"。这大概，就是从"当驰道"一点上，企图说明周勃在这次战役中地位之重要的。这也可以反映出驰道所经，必定都是紧要之所，而驰道在交通上的意义可以想见。

不过，可惜得很，这样好的一条大干路，在秦时，似乎就不是为一般人用的。汉时更显然为皇帝的御道，不准旁人随便行走。《汉书·江充传》说："充出，逢馆陶长公主行驰道中。充呵问之。公主日：有太后诏。充曰：独公主得行，车骑皆不得。尽劾没人官。后充从上甘泉，逢太子家使，乘车马行驰道中，充以属吏。"又《翟方进传》说，"方进从上甘泉，行驰道中。司隶校尉陈庆劾奏方进，没人车马"。原来，按照汉《令乙》的规定，"骑乘车马行驰道中，已论者没人车马被具"。见《江充传注》，如淳引。江充和陈庆正是按照律令办事的，这也可见驰道应用范围之狭了。

通西南夷道，开始于秦，而汉武帝继之。《史记·西南夷列传》说："秦时，常頞略通五尺道，诸此国颇置吏焉。"所谓"略通五尺道"，是就原来五尺宽的路，更加开宽，它经由的路线已不能详考。汉武帝经营西南夷，开通两条路。一条是夜郎道，由棘道，指群舸江，以通临江的夜郎。一条是灵山道，自群舸凿灵山，架桥于孙水，以通邛筰。《史记·平准书》说："唐蒙、司马相如开道西南夷，凿山通道，作者数万人。千里负担馈粮，率十余钟致一石。散币于邛、焚以集之。数岁,道不通,蛮夷因以数攻。吏发兵诛之,悉巴、蜀租赋不足以更之。”这两条路的开辟,真是艰难的大工程,消耗不少的人力和财力。

通南越道,也开于秦时,《史记·南越尉佗列传》:“南海尉任嚣病且死,召龙川令赵佗语曰……吾恐盗兵侵地至此。吾欲兴兵绝新道。”《索隐》:“案苏林云:秦所通越道。”这是秦时,曾开有通南越的道路。《佗传》又说:“嚣死,佗即移檄告横浦、阳山、湟溪关曰:盗兵且至,急绝道,聚兵自守。”这是通南越道取道于横浦今湖南桂阳。秦末,这条路绝后,汉高祖十一年复通。

褒斜道,是汉武帝时凿。《史记·河渠书》说:“有人上书,欲通褒斜道,及漕。事下御史大夫张汤。汤阿其事,因言:‘抵蜀从故道,故道多阪,回远。今穿褒斜道,少阪,近四百里。而漕水通沔,斜水通渭,皆可以行船漕。漕从南阳,上沔人褒,褒之绝水,至斜间,百余里,以车转,从斜下,下渭。如此,汉中之谷可致,山东从沔无限,便于砥柱之漕。且褒、斜材木竹箭之饶,拟于巴、蜀。’天子以为然,拜汤子印,为汉中守,发数万人,作褒斜道五百余里,果近便,而水湍石,不可漕。”这条路修成后,虽说因为褒斜水的关系,不能按着原计划,做水陆连运,但长安、南郑之间节省四百里路,褒斜道的贡献也就很可观了。

回中道,汉武帝元封四年西元前一〇七年开。《汉书·武帝纪》:“(元封)四年冬十月,行幸雍,祠五畤,通回中道,遂北出萧关。”应劭注,“回中在安定高平,有险阻,萧关在其北”。颜师古曰:“盖自回中通道,以出萧关。”

子午道,是王莽开。《汉书·王莽传》说:“莽以皇后有子孙瑞,通子午道。子午道,从杜陵,直绝南山,径汉中。”杜陵在长安附近。汉中,现在的汉中;南山,是终南山。所谓“直绝南山”,也少不了许多开凿山路的工程。

飞狐道,汉光武建武十三年西元三七年开。《后汉书·王霸传》:“诏霸将拖刑徒六千余人,与杜茂治飞狐道,堆石布土,筑起亭障,自代至平城三百余里。”

马援所刊道，汉光武十七年西元四一年开。《后汉书·马援传》："于是玺书拜援伏波将军。……督楼船将军段志等，南击交阯。军至合浦，而志病卒，诏援并将其兵。遂缘海而进，随山刊道千余里。"

零陵、桂阳峤道，汉章帝建初八年西元八三年开。《后汉书·郑弘传》："弘奏开零陵、桂阳峤道，于是夷通，至今遂为常路。"汉时，河渠之开辟及修治者甚多，最有名的，是渭渠、阳渠和汴渠。

渭渠，是武帝元光六年开凿。这个渠凿成后，可以节省关东、长安间运输时间的一半，并且还可以省许多转运的人。《史记·河渠书》："是时，郑当时为大农，言曰：'异时，关东漕粟，从渭中上，度六月而罢。而漕水道，九百余里，时有难处。引渭穿渠，起长安，并南山下，至河三百余里。径易漕，度可令三月罢。而渠下民田万余顷，又可得以溉田。此损漕省卒，而益肥关中之地，得谷。'天子以为然，令齐人水工徐伯表，悉发卒数万人，穿漕渠。三岁而通，通以漕，大便利。其后，漕稍多，而渠下之民颇得以溉田矣。"

阳渠，是光武建武二十四年，开凿。《后汉书·张纯传》说："上穿阳渠，引洛水为漕，百姓得其利。"刘昭注："阳渠，在洛阳城南。"这个渠的规模，似不及渭渠、白渠者大。

汴渠，是汉明帝永平十二年修。《后汉书·明帝本纪》："（永平十二年）遣将作谒者王吴修汴渠，自荥阳至于千乘海口，千余里。十三年夏，四月，汴渠成。辛巳，行幸荥阳巡行河渠。"汴渠即蒗荡渠，是鸿沟的一部。

秦汉时，对于河渠，都设有都水长丞。应劭曰："律，都水治渠陂水门。"见《汉书，百官公卿表》引。所谓律，就是汉律。依《汉书·百官公卿表》所举，汉的都水很多，从太常、大司农、少府、水衡都尉，以及三辅与诸郡国，莫不设有都水。汉东迁后，省都水，置河堤谒者。魏因之。晋武帝时，置都水使者。宋与晋同。梁初，称都水使者为都水台使者，后改为太舟卿。北魏有河堤谒者。北齐有都水台，而尚书省内设有水部。从这种水官制度的沿革上，我们也可以看出西汉时对于河渠之特别注意。东汉以后,就差得多了。

(三)秦汉时期的馆舍和邮驿

秦汉的馆舍和邮驿,可分为亭、邮、驿、传,分别述之。

亭,是供旅客止宿的地方。《风俗通》说:“汉家因秦,大率十里一亭。亭,留也,今语有亭留,亭待,盖行旅宿食之所馆也。”《释名》说:“亭,停也,人所停集也。”这都可证,供客止宿是亭的主要任务。

汉时的亭,似平民和贵族共用。《东观汉记》说:“赵孝父为田禾将军。孝尝从长安来,欲止亭。亭长难之,言有贵客过,扫洒不欲秽污地。良久,乃听止。”《御览》卷一九四引谢承《后汉书》说:“仓梧广信女子苏娥行,宿鹊巢亭。为亭长龚寿所杀,及婢,致富。取财物,埋置楼下。”这都可见留亭的旅客,没有贵族和平民的限制,和先秦时代的官立馆舍不尽相同。若依谢承所记,则我们更可知亭的建筑是楼的形式,而汉时女子旅行,也是在亭中止宿的。

亭有亭长,除经理所管辖的亭,供旅客止宿外,还有两种职务。《汉官仪》说:“亭长皆习设备五兵。五兵,弓弩,戟楯,刀剑,甲铠,鼓。吏赤帻,行滕,带剑,佩刀,持楯,被甲,设矛戟,习射。……亭长持二尺板以劾贼。”《续汉志》注引。《续汉书,百官志》说:“亭有亭长,以禁盗贼。本注曰:亭长主求捕盗贼,承望都尉。”禁捕盗贼,是亭长的职务之一。亭之有楼,当亦兼作嘹望之用。《风俗通》说:“亭,亦平也。民有讼诤,吏留辩处,勿失其正也。"供给平讼的处所,是亭长的职务之又一。亭长的这两种职务,可以充分表现秦汉时的亭,于作旅舍外,还有它在政治上的任务;同时,也正因这种旅舍带有政治上的性质,对于旅客不免取一种监视的态度,可以向旅客盘问,问他要符传。《汉书·王莽传》说:“大司空士夜过奉常亭。亭长苛之。告以官名。亭长醉,曰:宁有符传耶?士以马箠击亭长。亭长斩士,亡。郡县逐之。家上书。

莽曰：亭长奉公，勿逐。”亭长可以依照公家的规定，斩杀过客，可见汉时亭长的威权。这在当时治安上的需要，或不得不有这样的办法。但这样办法的流弊，就可以使亭长利用他的地位，作福作威；甚至可以谋命图财，若龚寿之于苏娥了。

亭的设立，相互间的距离不等，而以十里为原则。《汉书·百官公卿表》说：“大率十里一亭。亭有长。……县大率方百里。其民稠则减，稀则旷。乡亭亦如之。皆秦制也。”所谓“稠则减，稀则旷”，是说居民过多时，县乡亭间的距离都减少里数；如居民过少，则里数加多。《汉官仪》说：“长安城方六十里，经纬各十五里，十二城门，积九百七十三顷，百二十亭长。”《御览》一九四引《汉官典职》说：“洛阳二十四街，街一亭。十二城门，门一亭。”长安有百二十亭，洛阳有三十六亭，可见人口密度增加时，亭的数目也要随着增加之一例。

汉对于亭的保护，极为注意。《汉官仪》说：“守寺乡亭漏败，垣墙阤壤，所治无办护者，不称任，先自劾不应法，归告二千石。”这可见，汉家对于护亭规定的严重。

《汉书·百官公卿表》说，西汉共有亭二万九千六百三十五。若依元和二年，中国人的总数来折算，则每一千六百四十人有亭一所。假设每百人中有一个旅客，则平均每十六七个旅客就可以有亭一所了。东汉时，亭的数目不可考，但其总数应视西汉时无大减缩。桓、灵以下，中国大乱，各地的亭难免不有大量的破坏。《晋书·刑法志》说：“侍中卢埏，中书侍郎张华，又表抄新律诸死罪条目，悬之亭传，以示兆庶。”这虽可表示，晋初亭的数目还有相当地多，但我们观于同书《潘岳传》中所述“十里一官槁”的建议，则晋初的亭较之汉时，一定是很少很少。惠怀大乱后，更不足提了。

伴着亭的数目之发达，汉的私人旅舍事业也较先秦时有更显明的发展。《东观汉记》说：“第五伦自度仕宦牢落，遂将家属客河东，变易姓名，自称王伯齐。常与奴载盐，北至太原贩卖。每所止客舍，去辄为粪除，道上号曰道士，开门请求，不复责宿舍钱。”

《后汉书·周防传》说，周防“父扬，少孤微，常修逆旅以供过客，而不受其报”。《续汉书·百官志》注说：“永元十年，大匠应顺上言：百郡计吏，观国之光。而舍逆旅，崎岖私馆，直装衣物，敝朽暴露。朝会邈远，事不肃给。”这所谓客舍，所谓逆旅，都显然是私人经营的旅舍。而前两条所记，都可见当时的客舍或逆旅是需要报酬的。第一条所说，又可见旅客可以止客舍中贩卖货物，这或者是公家的亭所办不到的地方。第三条所说，则可使我们想象东汉中叶，百郡计吏来观国光的时候，洛阳私营旅舍是如何大量地需要了。

晋初，私营旅舍事业，已大大地发达起来。《晋书·潘岳传》记晋初事，说：“时以逆旅逐末废农，奸淫亡命多所依凑，败乱法度，敕当除之。十里一官槁，使老小贫户守之。又差吏掌主，依客舍收钱。岳议曰：‘谨案逆旅，久矣其所由来。行者赖以顿止。居者薄收其直。交易贸迁，各得其所。官无役赋，因人成利：惠加百姓，而公无末费。语曰：许由辞帝尧之命，而舍于逆旅。《外传》曰：晋阳处父过宁，舍于逆旅。魏武皇帝亦以为宜。其诗曰：逆旅整设，以通商贾。然则自尧到今，未有不得客舍之法。唯商鞅尤之，固非圣世所言也。方今四海会同，九服纳贡，八方翼翼，公私满路，近畿辐辏，客舍亦稠。冬有温庐，夏有凉荫，刍秣成行，器用取给。疲牛必投，乘凉近进，发槅卸鞍，皆有所憩。又诸劫盗皆起于迥绝，止乎人众。十里萧条，则奸宄生心；连陌接馆，则寇情震慑。且闻声有救，已发有追。不救，有罪；不追，有戮。禁暴捕亡，恒有司存。凡此皆客舍之益，而官槁之所乏也。又行者贪路，告籴炊爨，皆以昏晨。盛夏昼热，又兼星夜，既限早闭，不及槁门。或避晚关，进逐路隅。只是慢藏诲盗之原。苟以客舍多败法教，官守棘槁，独复何人？彼河桥孟津，解券输钱，高第督察，数人校出，品郎两岸相检，犹惧或失之，故悬以禄利，许以功报。今贱吏疲人，独专槁税，管开闭之权，籍不校之势。此道路之蠹，奸利所殖也。率历代之旧俗，获行留之欢心，使客舍洒扫以待，征旅择家而息，岂非众庶颙颙之望……在这段记载中，当时私营旅舍的发达，及其设备的方便，均可见到。私营旅舍的优点，以及官立旅舍的困难，也历历如绘。潘岳的这篇《客舍议》，在交通史料上的价值很大。从这里我们可以看出，晋以后，供客宿止的亭所以没落的缘故。

邮，是传书的机关。《后汉书·郭泰传》注，引《说文》："邮，境上传书舍也。"今本《说文》"传"作"行"。又《杨震传》说："谪震诸子，代邮行书。"这都可见，汉时邮的用处。《汉书，京房传》说："去至新丰，因邮上封事。"《后汉书·光武纪》说："无遣及因邮奏。"这又可见，汉时的邮有传书的完全责任，发书人固不必去，也不必派人去；邮的应用，不限于郡县各行政组织间的普通文书，上封事或奏疏也都是可以利用邮的。

邮，也可以供人止宿。《汉书·黄霸传》说："吏出不敢舍邮亭。"则邮之可舍，可知。

邮的设置，较亭为密。《汉官旧仪》说："五里一邮，邮人居间，相去二里半。"依《史记·留侯世家索隐》引。所谓"五里一邮"，大概也是和"十里一亭"一样，是一个原则上的数目，有时是不免视环境需要的程度，而有所增减的。所谓"邮人居间，相去二里半"，大概是说邮人居在这个邮区的中间，和四邻的邮区，相去各有二里半。

汉人重邮，与亭相似。《汉书·薛宣传》说："始惠薛宣之子为彭城令，宣从临淮，迁至陈留。过其县，桥梁邮亭不修，宣知其不能。"这是汉人以一县的邮亭是否修治，便可据以观一县之政了。

驿，也是一种传达消息的设备，和邮相似。《后汉书·袁安传》说，安"初为县功曹，奉檄诣从事。从事因安致书于令。安日：公事自有邮驿。私请则非功曹所受"。这可见在传达文书之一点上，驿与邮同，故安并称之。《续汉书·百官志·太尉下》，有法曹，"主邮驿科程事"，则邮驿在行政系统上，也是属于一个部门。

驿和邮的不同，是在传书的方法上。邮有邮人，可以负完全传寄的责任；驿则只供给传书者以交通的工具，传书人仍须由发书人派遣专使。因为有这点不同，所以驿有时也可利用到别的方面去。《汉书·郑当时传》说，当时“常置驿马长安诸郊，请谢宾客，夜以继日，至明旦，常恐不变”。《后汉书·东海恭王疆传》说：“显宗遣中常侍钩盾，令将太医，乘驿视疾。”这都可见驿在传书以外的利用。

汉时，除公家置驿外，也有私人的驿。上引郑当时的驿马，就是私人置驿的一证。《汉书·燕刺王传》：“旦燕刺王置驿书，往来相报。”又《酷吏传》，王温舒令“郡具私马五十匹为驿，自河内至长安”。这也都是私人的驿。这种私驿和私营的旅舍不同。后者所以取利，前者专为自己一时的便利。但私营旅舍可以发展而为一种永久性的事业，私驿则仅一时的现象罢了。

魏晋以下，邮驿制度似均存在。但《续汉书·百官志》注：“东晋犹有邮驿，共置，承受傍郡县文书。有邮，有驿，行传以相符。县置屋二区，有承驿吏，皆条所受书，每月吉，上州郡。”东晋时，邮驿的设置，尤其是邮的设置，已较前大为减少。东晋以后，这种制度纵仍存在，恐怕效力也很小了。

汉时的传，是用车，所以供政府官吏或特许之人因公乘坐。其作用和驿不同，而制度和驿相类，都是在一定的距离，供给交通工具的改换，以利旅行的速度。

传有四种。《汉书·高帝纪》注，如淳引《汉律》：“四马高足为置传，四马中足为驰传，四马下足为乘传，一马二马为轺传。”在这四种传中，乘传的应用似最普遍。《史记·吴王濞传》：“条候将，乘六乘传，会兵荥阳。”《汉书·文帝纪》：“张武等六人乘六乘传，诣长安。”又《龚遂传》：“上许焉，加赐黄金，赠遣乘传。”《史记》《汉书》中，如此类记载乘传之事甚多，而关于驰传和轺传的记载，则都比较地少了。

用传的办法，汉律有一定的规定。《汉书·平帝纪》注，如淳曰：“律，诸当乘传者，及发驾置传者，皆持尺五寸木传信，封以御史大夫印章。其乘传者，参封之。参，三也。有期会，累封两端，端各两封，凡四封。乘置、驰传者，五封之；两端各二，中央一也。轺传，两马再封之，一马一封也。”这是用传，须持传信，而因所用传的种类不同,传信上封印的情形也是不同的。

置传和置驿的地方,是在一起的。专门的名字,叫作置。《汉书,文帝纪》:“太仆见马遗财足,余皆以给传置。”师古曰:“置者,置传驿之所,因名置也。”我们已知道驿是三十里一置,现又知道驿传共置,则传也是三十里一置了。

传的费用,比驿的费用大。汉东迁后,传颇省略。魏晋以下,用传者恐怕很少了。

汉时,九律之中,厩置列为专章。今由各书所引的遗文窥测,乃系与邮驿传乘制度,有特别的关系。汉东迁后,这类律文,已不能完全实行,魏时更简。所以《魏律·新序》说:“秦世,旧有厩置乘传副车食厨。汉初,承秦不改。后以费广,稍省。故东汉但设骑置而无车马。律犹著其文,则为虚设。故(魏)除其厩律,取其可用合科者,以为邮驿令。”此后,晋、梁及北齐、北周的新律,厩牧各为专篇,律文似又较魏转烦,但这些律文是否也如东汉之虚设,就很难说了。

二、隋唐宋时期的交通

(一)隋唐宋国内交通路线状况

隋唐宋时代,从隋开皇九年已灭陈的第二年算起,到宋亡止。中间,计隋二十九年,唐二百八十九年,五代五十三年,北宋一百六十七年,南宋一百五十二年,共六百九十年。

在这六百九十年中,中国历史上的大事,在政治方面是有两次大统一的出现——隋之统一及唐之统一,可看作一个运动的开始和完成和崩溃。隋唐宋交通之所以能为一个新的时代,是运河的开浚和使用。

秦汉时,东南经济地位极为落后。《史记·货殖列传》说:“楚、越之地,地广人稀,饭稻羹鱼,或火耕而水耨。果隋蠃蛤,不待贾而足。地势饶,食无饥馑之患。以故呰窳,偷生无积聚,而多贫。

是故江、淮以南,无冻饿之人,亦无千金之家。沂、泗水以北,宜五谷桑麻六畜,地小人众。数被水旱之害,民好畜藏。故秦、夏、梁、鲁好农而重民。三河、宛、陈亦然,加以商贾。齐、赵设智巧,仰机利。燕、代田畜而事蚕。”这可见,无论在农业方面或商业方面,秦汉时东南各地都在很幼稚的状态中,不能和黄河流域相比。这时的南北交通虽可畅达无阻,但东南各地在全国交通上,实在谈不上有什么价值;这时堪称交通中心的大都会,除成都外,都是在黄河流域的。三国时,因魏蜀吴的鼎立,南北不能相济,遂逼迫东南当局,不得不想开发产业的办法。《晋书·食货志》说:“吴上大将军陆逊抗疏,请令诸将各广其田。权报曰:‘甚善。今孤父子亲自受田,车中八牛,以为四耦。虽未及古人,亦欲与众均其劳也。’有吴之务农重谷,始于此焉。”这是东南农业提倡之始。而《吴都赋》所述建业贸易情形,亦足证东南商业之逐渐活泼。于是,东南在全国交通地位之取得上,才开始具备了一些重要的条件。晋平吴后,东南农业更有进展。《晋书·食货志》说:“世祖武皇帝太康元年,既平孙皓,纳百万而罄三吴之资,接千年而总西蜀之用,韬干戈于府库,破舟船于江壑。河滨海岸,三丘八薮,耒耨之所不至者,人皆受焉。农祥辰正,平秩东作;荷钟赢粮,有同云布。……太兴元年,诏曰:‘徐、扬二州,土宜三麦,可督令嫫地,投秋下种,至夏而熟,继新故之交,所益甚大。’……孝武太元二年,除度田收租之制。……至于末年,天下无事,时和年丰,百姓乐业,谷帛殷阜,几乎家给人足矣。”这可见两晋时,东南农业发展的大概情形。东南为天下财富之区,为后来统一的政府所不能不取资的地带。它在全国的交通上,也就不能不有重要的地位了。隋炀帝开运河,正是一方面适应这种新时势的需要,同时在另一方面也就代表了新的时代之显著地展开。固然,隋炀帝底初意,是在游幸娱乐。但时代的需要,当时纵无隋炀帝,也要有人开辟一条沟通南北的新河道的。

隋唐宋时,中国境内的交通路线,较秦汉时颇为易知。唐宋因有《元和郡县志》《太平寰宇记》《元丰九域志》的存留,各道或各路以及各州间的距离，都有很明白的记录，我们颇有取资的材料。隋虽无方志书的流传，但隋享国不永，唐又紧承隋后，隋的交通路线和唐时应该是没有很大的不同。我们知道了唐时的情形，也就可以知道隋时交通路线的大致了。

隋的幅员，东和南皆临大海，北至五原今绥远五原，西至且末今新疆且末，东北至辽西今热河朝阳及辽宁锦西一带，西南至安南。唐代盛时，“东极海，西至焉耆今新疆焉耆，南尽林州南境在今安南境，北接薛延陷界”今绥远阴山北。隋地，东西九千三百里，南北一万四千八百一十五里。唐地，东西九千五百一十里，南北一万六千九百一十八里。隋唐交通干路之长，至少应在二万五千里以至二万六千四百里之上。然唐有驿一千六百三十九所，驿三十里一置，应有驿路四万九千一百七十里。若置驿之处，皆临大道，则唐代的交通干路，不只在二万六千四百里以上，并且几乎有五万里的路线了。

宋的幅员，较隋唐时为狭，“东南际海，西尽巴、僰，北极三关”，西不能至甘肃西北部，北不能至阴山，东北不能至辽宁，西南不能至西康、云南、安南。东西六千四百八十五里，南北一万一千六百二十里，视隋唐幅员的广修，约短三千里以及三五千里。但若依唐时纵横里数和驿路里数的比例来推测，则宋时国境内的交通干线恐怕也要在三万五六千里以上了。

（二）隋唐宋的运河

隋唐的水道，合能通舟楫与不能通舟楫者，总计之，凡“三亿二万三千五百五十九。其在遐荒绝域，迨不可得而知矣。其江、河，自西极达于东溟，中国之大川者也。其余百三十五水，是为中川。其又千二百五十二水，斯为小川也。若渭、洛、汾、济、漳、淇、淮、汉，皆亘达方域，通济舳舻，从有之无，利于生人者也”（《旧唐书，职官志》水部郎中下）。然江、河、渭、洛、汾、济、漳、淇、淮、汉，是天然的水道，不能表示隋唐人对于水道交通之最大的努力；同时，又几乎全是自西而东的水道，也不能在南北的沟通上发挥作用。隋唐人开凿及使用的大运河,独能具备这两种条件,所以运河在隋唐水道交通上的地位,比江、河等水道要居较高的地位。

隋炀帝凿通济渠、永济渠成功后,遂即利用它们做大规模的运输。大业元年西元六。五年,炀帝幸江都,所用龙舟、凤艒、黄龙、赤舰、楼船等,凡数万艘,“舳舻相接,二百余里”。八年西元六一二年,炀帝自江都御龙舟,人通济渠,渡河,经永济渠以幸涿郡。九年西元六一三年,集大军于涿郡,以讨高丽。共有军队一百一十三万三千八百人,运输的人约当军队的一倍,总计有三百四十万人。这三百四十万人,以及这三百四十万人的被服、兵械、粮饷,总也有不少的数目要从这条新水道上走的。炀帝做这些事的是非,另作别论;由这些事所表现的南北交通之活泼气象,是以前所没有的。

唐初,关中的出产不够京师官员兵民吃的,开始岁运东南之粟,以资补助。东南之粟,每年按时聚集扬州,由扬州经山阳渎入淮,经通济渠入河,由黄河西入渭水,以至京师。大运河的南段,在这时的经济价值上已见得重要。但唐初需要东南供给者尚少,每岁漕粟不过二十万石。高宗以后,需用渐多。玄宗朝漕运最多时,江、淮漕米,三岁之中竞达七百万石。肃、代以后,关中需于东南者尤殷。《新唐书·食货志》说:“及田悦、李惟岳、李纳、梁崇义拒命,举天下兵讨之。诸军仰给京师,而李纳、田悦兵守涡口,梁崇义搤襄、邓,南北漕引皆绝,京师大恐。江淮水陆转运使杜佑,以‘秦汉运路出浚仪十里人琵琶沟,绝蔡河,至陈州而合。自隋凿汴河,官漕不通。若导流培岸,功用甚寡。疏鸡鸣岗首尾,可以通舟。陆行才四十里,则江、湖、黔中、岭南、蜀汉之粟,可方舟而下。繇白沙,趣东关,历颍、蔡,涉汴,抵东都。无浊河溯淮之阻,减故道二千余里’。会李纳将李洧以徐州归命,淮路通而止。”这可见唐中叶以后,大运河的南段简直是中央政府的支柱;如有阻碍,立时即感到恐慌,不得不想一个补救的法子了。

宋时,称通济渠为汴河,山阳渎为淮南运河,孟渎为浙西运河,永济渠为御河。宋的汴河,较隋唐的通济渠,地位更见重要。

至道元年西元九九五年，张洎对太宗问说："至国家膺图受命，以大梁四方所凑，天下之枢，可以临制四海，故卜京邑而定都。汉高帝云：吾以羽檄召天下兵，未至。孝文又云：吾初即位，不欲出虎符，召郡国兵。即知兵甲在外也。惟有南北军、期门郎、羽林孤儿，以备天子扈从藩卫之用。唐承隋，置十二卫府兵，皆农夫也。及罢府兵，始置神武神策为禁军，不过三数万人，亦以备扈从藩卫而已。故禄山犯关，驱市人而战。德宗蒙尘，扈驾四百余骑，兵甲皆在郡国。额军存而可举者，除河朔三镇外，太原、青社各十万人，邠、宁、宣武各六万人，潞、徐、荆、扬各五万人，襄、宣、寿、镇海各二万人。自余观察团练据要害之地者，不下万人。今天下甲卒数十万，战马数十万匹，并萃京师，悉集七亡国之士民于辇下，比汉唐京邑，民庶十倍。甸服时有水旱，不至艰歉者，有惠民、金水、五丈、汴水等四渠，派引脉分，咸会天邑，舳舻相接，赡给公私，所以无匮乏。唯汴水横亘中国，首承大河，漕引江、湖，利尽南海，半天下之利赋，并山泽之百货，悉由此路而进。"

淮南运河，就地势上说，承汴河的下流，但就漕运上说，则为汴河之首。《宋史·食货志》说："至道初，汴河运米五百八十万石，大中祥符初至七百万石。江南、淮南、两浙、荆湖路租籴，于真、扬、楚、泗州置仓受纳。分调舟船溯流人汴，以达京师。"这是淮南运河与大江交接处的扬州，在宋时也还是一个聚积漕米的场所，未改唐时之旧。则在漕运上，淮南运河的价值，视汴河本流也就无所多让了。

御河，北宋时用以输北方军粮。《宋史·食货志》说："河北卫州东北有御河，达乾宁军，其运物亦廷臣主之。"又《河渠志》说："今御河上源止是百门泉水，其势壮猛，至卫州以下，可胜三四百斛之舟。四时行运，未尝阻滞。堤防不至高厚，亦无水患。……（江、淮之漕）自江、浙、淮、汴人黄河，顺流而下，又合于御河，大约岁不过一百万斛。若自汴顺流，径人黄河，达于北京今河北大名，自北京和顾车乘，陆行人仓，约用钱五六千缗，却于御河装载赴边城。其省工役物料及河清衣粮之费，不可胜计。"又说："御河漕运通流，不可减大河夫役。"大概宋时的御河，比起唐时的永济渠要重要得多。唐建都长安，自长安往河北各道间的运输无取道永济渠之必要。宋都汴京，则渡过汴口，即至御河，往北方各路运输甚便，御河即立见重要。但御河漕运之粟，仍系汴河北运中之一小部分。以御河和汴河比，在交通繁盛的程度上说，是相差甚远的。

三、元明清时期的交通

（一）元明清时期的交通与海运

元明清交通的特色，是海运的发达。中国自战国以来，本来就有海上行船的事，而自汉武帝以来，也每代都有海军。但元以前的海运，并不是有整个的计划，而元以前的海运也与国家大计，无密接的关系。自元时起，海运的意义便显然和以前不同，这时的海运，显然关系着国家底根本；它在元明清的重要，一如运河之在唐宋。

元的海运，始于至元二十年丞相伯颜所倡议。伯颜于至元十三年，率大军入临安时，淮东一带还在宋人手里，他把临安行在所有库藏图籍，命人从崇明州取海道运到直沽以达京师。而东南平定后，江南漕运，却仍由内河，辅以陆运，辗转北上。伯颜眼看内河漕运，费了很大的力气，用了很多的钱粮，没有什么成效，便想起他以前海运库藏图籍的事来，觉得海运可行。于是在至元二十年，开始从海道运粮四万六千余石。第二年，增至二十九万五百石。第四年，增至五十七万八千五百二十石。泰定、天历间

海运额之多，自二百零八万余石，以至三百五十二万二千一百六十三石。《元史·食货志》说："元自世祖，用伯颜之言，岁漕东南粟，由海道以给京师，始自至元二十年，至于天历、至顺，由四万石以上，增而为三百万以上，其所以为国计者大矣。"元海运

粮额最盛时虽不及北宋运河漕粟之多，然其为中央政府所仰赖，关系于立国的基础，二者之间并没有什么分别。

元海运之路，约有三变。最初，是从平江路刘家港入海，经扬州路通州海门县黄连沙头万里长滩开洋，沿山燠而行，抵淮安路盐城县，历西海州、海宁府东海县、密州、胶州界，放灵山洋，投东北路，多有浅沙，行月余才抵成山，更由成山至杨村马头，首尾计程一万三千三百五十里。此路初辟时，因沿山求屿，风信失时，经年始至。至元二十九年公元一二九二年朱建以旧路险恶，建议另辟新航线，“自刘家港开洋，东南水疾，一日可至撑脚沙。彼有浅沙，日行夜泊，守伺西南便风，转过沙嘴，一日到于三沙洋子江。再遇西南风色，一日至匾担沙大洪，抛泊。来朝，探洪行驾，一日可过万里长滩，透深，才方开放大洋，先得西南顺风，一昼夜约行一千余里。到青水洋，得值东南风，三昼夜过黑水洋，望见沿津岛大山。再得东南风，一日夜可至成山，一日夜至刘家岛，又一日夜至芝罘岛，再一日夜至沙门岛，守得东南便风，可放莱州大洋。三日三夜，方得界河口”。这条航线，比旧路径直，且前后都有便风，如无特别阻碍，约半月可达；如遇风水不便，也许到一月四十天以上。至元三十年公元一二九三年殷明略又开新道，从刘家港入海，到崇明州三沙放洋，向东行，入黑水大洋，取成山转西，至刘家岛，又至登州沙门岛，于莱州大洋入界河。这条新路，当舟行时，按时有一定的信风，从浙西到京师，不过十日的光景，比以前的两道都方便得多，故这条路也应用最久。但无论如何，当时的海运决不能如现在的安全，“风涛不测，粮船漂溺者，无岁无之，间亦有船坏而弃其米者”。水手船卒，因船只失事而溺死者，当然也是免不了的。

明时，海运不如元时之盛，且屡有废兴。然“海舟一载千石，可当河舟三，用卒大减，河漕视陆运费省什三，海运视陆省什七，虽有漂溺患，然省牵卒之劳，驳浅之费，挨次之守，利害亦相当”，这时海运之利，已为知者所公认。所以，终明之世，海运虽屡有阻滞，但终不能长时期的废除，而仍为漕运之一重要部分，对于国家的贡献很大。

明的海运，永乐间最盛时，北京、辽东二处每岁约共一百石。海道之可考者有二，一为自淮安至天津卫的海道，一为自天津至辽东的海道。前者，自淮人海，其道由云梯关东北历鹰游山、安东卫、石臼所、夏河所、斋堂岛、灵山卫、古镇、胶州、鳌山卫、大嵩卫、行村寨，皆海面；白海洋所，历竹岛、宁津所、靖海卫，东北转成山卫、刘公岛、威海卫，西历宁海卫，皆海面；自福山之罘岛，至登州城、北新、海口、沙门等岛，西历桑岛、坶屺岛；自坶屺西历三山岛、芙蓉岛、莱州大洋、海仓口；自海仓西历淮河海口，鱼儿铺，西北历侯镇店、唐头塞，自侯镇西北大清河、小清河海口，乞沟河人直沽，抵天津卫。这条路线首尾约三千三百九十里，据梁梦龙在隆庆五年公元一五七一年说，“如有风便，两旬可达，舟由近洋，岛屿联络，虽风可依，视殷明略故道甚安便，五月前风顺而柔，此时出海，可保无虞”。这可见，这条新路较殷明略所开航路还要安全得多，而崇祯十三年公元一六四。年崇明人沈廷扬自六月朔由淮安出海，望日抵天津，守风者五日，行仅一旬，也并不一定非走两旬不可，这也可见这条新路也不比殷明略所开道多费时日。自天津至辽东的海道，据侯汝谅说，“自海口至右屯河、通堡，不及二百里，其中曹泊店、月坨桑、姜女坟、桃花岛，皆可湾泊"，而全线路程及航行日数，不甚可考。万历二十五年公元一五九七年山东副使于仕廉说：“饷辽莫如海运，海运莫如登、莱。盖登、莱度金州六七百里，至旅顺口，仅五百余里，顺风扬帆，一二日可至。又有沙门、鼍矶、皇城等岛居其中，天设水递，止宿避风。惟皇城至旅顺二百里，差远，得便风，不半日可度也。若天津至辽，则大洋无泊。”于仕廉所举新道，显较津运之路为径直而安全，时议虽颇以为然，但是并没有实行。

清时，政府漕米，道光四年以前系内河漕运，道光四年以后仍改为海运。但清代海运之需要实际甚早，海运之倡议也始于嘉庆年间，只以当时当事大臣畏惧海险，濡滞不行。道光四年，南河黄水骤涨，河运艰难万状；张玉廷请款百二十万，对于当年的河运，仍是没有办法。到了真正无可奈何，宣宗才采用户部尚书英和的建议，恢复了海运。此后，虽对于海运仍不断有人反对，但终打不倒客观条件的需要。一直到了西方的新交通工具传到中国后，东南之粟，源源北来，不待官运，于是清之漕米的海运，也就是历代的漕运，才算终止了。

清的海运和元明的海运，办法不甚相同。英和说："河道既阻，重运中停，河漕不能兼顾。惟有暂停河运以治河，雇募海船以利运，虽一时之权宜，实目前之急务。盖滞漕全行盘坝利运，则民力劳而经费不省；暂雇海船分运，则民力逸而生气益舒。国家承平日久，航东吴至辽海者，往来无异内地。今以商运决海运，则风飓不足疑，盗贼不足虑，霉湿侵耗不足患。以商运代官运，则舟不待造，丁不待募，价不待筹。"英和的意思，虽是初复海运时的一时权宜之计，但此后，清之海运，也就是以商运代官运，比元明之官运，要经济而少损失。

清每年海运之数，大约在一百五六十万石左右。海船由上海开行，经过山东洋面，航至天津，计水程四千余里，约逾旬日而至。米石到天津后，由剥船运通州，更转京师各仓。

沈葆桢说："河运决不能复。运河旋浚旋淤，运方定章，河忽改道。河流不时迁徙，漕路亦随为转移。而借黄济运，为害尤烈。前淤未尽，下届之运已连樯接尾而至，高下悬殊，势难飞渡。于是百计逆水之性，强令就我范围，致前修之款皆空，本届之淤复积。设令因济运，而夺溜北趋，则畿辅受其害；南趋，则淮、徐受其害，亿万生灵将有其鱼之叹，又不仅徒糜巨帑，无裨漕运已也。"《清史稿·食货志》说："夫河运，剥浅有费，过闸过淮有费，催趱通仓又有费，上既出百余万漕项，下复出百余万帮费，民生日蹙，国计益贫。海运，则不由内地，不归众饱，无造船之烦，无募丁之扰，利国便民，计无逾此。"大概运河之败坏，由来已久。沈葆桢及《清史稿》的话，虽指清的晚季说，实际则由元初已是如此。元明清海运之发达，至为中央政府仰给食用之依恃，固不能说不是中国交通史上之一新的进展。然使唐宋时连系南北的水上大道，日就衰废，有时且可以招致祸患，而另外从事一种不甚费力的海道的使用，自一种意义言，也不能不说是元明清人在交通上的退步啊。

（二）元明清时期的河渠与道路

元明清的海运虽盛，对于内地的河渠并非完全不管。而内地河渠仍有占重要地位者。《元史·河渠志序》说："元有天下，内立都水监，外设各处河渠司，以兴举水利，修治河堤为务。决双塔、白浮诸水，为通惠河以济漕运，而京师无转饷之劳。导浑河、疏滦水，而武清、平滦无垫溺之虞。浚冶河、障滹沱，而真定免决啮之患。开会开河于临清，以通南北之货。疏陕西之三白，以溉关中之田。泄江湖之淫潦，立捍海之横塘，而浙右之民得免于水患。"这所述元代治水机关及兴水利、除水害的事实，甚为扼要，而这些事实，除了疏三白和立捍海横塘外，都是水道交通之本身的事情。

元的都水监，"秩从三品，掌治河渠并堤防、水利、桥梁、闸堰之事。都水监一员，从三品。少监一员，正五品。监丞二员，正六品。经历知事，各一员。令史，十人。蒙古必阁赤一人。回回令史一人。通事，知印，各一人。奏差，十人。壕寨十六人，典吏二人"。元都水监的名称和职掌，与南北朝以来的治水机关无大变改，而组织不同。都水监，置于至元二十八年。第二年，领河道提举司。至正八年，设行都水监于济宁郓城；九年，又设行都水监于山东、河南等处，都隶属于都水监。至正十一年，又立河防提举司，隶属于行都水监。行都水监的职务，是巡视河道。《元史·河渠志序》所说"河渠司"，不见《百官志》记载，也许就是行都水监或河防提举司。

元之开通惠河，是开始于至元二十九年秋，完成于三十年秋，为都水监郭守敬所建议。河道，自昌平县白浮村引神山泉，西折南转，过双塔、榆河、一亩、玉泉诸水，至大都西门，入城，南汇为积水潭，东南出文明门，东至通州今河北通县高丽庄，入白河，总长一百六十四里有余，共费二百八十五万工。河成后，以前自"通州至大都五十里，陆挽官粮，岁若千万，民不胜其悴"者，"至是皆罢之"。

浑河本卢沟水，从大兴县，流至东安州武清县今河北武清，人都州界。滦河，源出金莲川中，由松亭，北经迁安东、平州西、濒滦州，人海。浑河为供给通惠河水源之一，滦州曾作过小规模的漕运，在当时水道交通上也颇有点相当的意义。浑河自至大二年后，滦河自大德五年后，曾有数次的溃决，均经先后修治，但工程都不能算大。

冶河在真定路平山县西门外，经井陉县，流来本县东北十里，人滹沱河。滹沱河源出于西山，在真定路真定县南一里，经藁城县北一里，经平山县北十里，冶河之水来会。二水初不相通，后既会合，水势甚猛，屡坏大堤。皇庆元年，在栾城县北，圣母堂东，冶河东岸，开减水河，以杀水势，而去真定之患。滹沱河自大德十年以后迭次修堤，但滹沱河的水患似乎始终不能根治，而冶河和滹沱河在当时的水道交通上，似乎始终不见得有什么重要。

会通河，起东昌路须城县安山之西南，由寿张西北至东昌，又西北至于临清，以达于御河，共长二百五十余里。这河在至元二十六年正月己亥，开始开凿，六月辛亥开成，供役使二百五十一万七百四十八工。至元二十七年，因霖雨岸崩，河道淤浅，应该更加修治，便由中书省派遣三千人，专治这项工役；并于此后，每年委都水监官一员，佩分监印，率令史、奏差、濠寨官专司巡视，并督工用石料，改易以前所建的闸，视各闸损坏的缓急为先后；到了泰定二年，方才完工。前后，开河工程共达三十七年之久。这河开凿的目的，在使汶水与御河相通，以便公私漕贩。此河成后，江南行省起运诸物，都由这河达于御河，更经白河、通惠河以达于大都。这是元代，在所治诸河中，除了通惠河以外，最具经济价值的一条河。但可惜河的深度毕竟还浅，河身也嫌太狭；一有大船，便觉得满河都是船，阻碍余船，不得往来。这对于会通河的交通价值不能说是不受影响的。

此外，黄河之祸，元时甚烈，而元人之修治也不能说是不勤。至正十一年，贾鲁治河，征发汴梁、大名等十三路民十五万人，庐州等戍十八翼军二万人，历时七月，用中统钞一百八十四万五千六百余锭,工程非常浩大,成绩也相当的优良。但黄河自唐中叶以后,交通上的价值甚少,黄河灾祸之防治仅限于消极的意义,对于水道交通的建设,并没有什么补益。

综观上述有元一代,在河渠方面,不能不说是有相当的成绩。但如就当时之整个情形说,元在河渠方面,实在是功不及过。《元史·河渠志》说:“运河在扬州之北,宋时尝设军疏涤。世祖取宋之后,河渐壅塞。至元末年,江淮行省尝以为言。虽有旨浚治,有司奉行,未见实效。仁宗延祐四年十一月,两淮运司言:盐课甚重,运河浅涩无源,止仰天雨,请加修治。”“练湖,在镇江。元有江南之后,豪势之家于湖中筑堤,围田耕种。侵占既广,不足受水,遂致泛溢。世祖末年,参政暗都剌奏,请依宋例,委人提调,疏治其侵占者,验亩加赋。至治三年十二月,省臣奏:江浙行省言,镇江运河藉练湖之水为上源。官司漕运,供亿京师,及商贾贩载,农民来往,其舟楫莫不由此。宋时专设人夫,以时修浚练湖,潴蓄潦水。若运河浅阻,开放湖水一寸,则可添河水一尺。近年淤浅,舟楫不通,凡有官物,差民运递,甚为不便。”“至元三年七月六日,都水监言:运河此指御河说二千余里,漕公私物货,为利甚大。自兵兴以来,失于修治。清州之南,景州以北,颓阙岸口三十余处,淤塞河流十五里。至癸巳年,朝廷役夫四千,修筑浚涤,乃复行舟。今又二十余年,无官主领。沧州地分,水面高于平地,今藉堤堰防护。其园圃之家,掘堤作井,深至丈余或二丈,引水以溉蔬花。复有濒河人民就堤取土,渐至阙破,走泄水势,不惟涩行舟,妨运粮,或致漂民居,没禾稼。其长芦以北,索家马头之南,水内暗藏桩橛,破舟船,坏粮物。”“武宗至大元年,江浙省令史裴坚言:杭州钱塘江,近年以来,为沙涂壅。涨潮,水远去,离北岸十五里,舟楫不能到岸。商旅往来,募夫搬运十七八里,使诸物翔涌,生民失所;递运官物,甚为烦扰。”大概,元以前的重要河道,自元得宋后,逐渐败坏者甚多,其所得病痛甚深。元所修治最要之河,如通惠河和会通河,无论就路线的长度说,就内地交通的价值说,都不及扬州运河及御河等,甚远。元虽也对这些败坏的故河,时加修治,但病根已深，终无大补；下迄明清两代，犹蒙其弊。这是元的漕运，所以不得不注重于海运，而明清两代也所以不能摒饰，海运的缘故。

明的治水机关，为都水司，而都水司所掌，较元之都水监为泛。《明史·职官志》说："都水，典川泽、陂池、桥道、舟车、织造、券契、量衡之事。"则明都水司，于元都水监所掌的河渠、堤防、桥梁以外，还掌舟车之制造以及织造、券契、量衡之事。后三事之所以也归都水司，大概是因为都水司在交通方面有特别的权力，办这些事有特别的便利之缘故。关于川泽、陂池、桥道，都水司的职务是"岁储其金石、竹木、卷埽，以时修其闸坝、洪浅、堰圩、堤防，谨蓄泄，以备旱潦，无使坏田庐、坟隧、禾稼。舟楫硙碾者，不得与灌田争利。灌田者不得与转漕争利。凡诸水要会，遣京朝官专理，以督有司。役民必以农隙。不能至农隙，则僝功成之。凡道路、津梁，时其葺治。有巡幸及大丧、大礼，则修除而较比之"。都水司属于工部尚书，有郎中一人，员外郎一人，主事二人，后又增郎中四人和主事五人。

明时，内地水道之利用，较元代为广。洪武初，定都南京，"江西、湖广之粟浮江直下，浙西、吴中之粟由转运河，凤泗之粟浮淮，河南、山东之粟下黄河"，又"尝由开封运粟溯河达渭以给陕西"。这时，在漕运的应用上，江、河、运、渭俱见重要，与元代情形不甚相同。成祖迁都燕京之后，东南漕运极为辽远，除海运以外，河运仍不能免，而转运河、南河、中河、北河、通济河、白河、大通河即通惠河连络而成的大运河，遂颇呈活跃。有明一代对于河渠的修治，也差不多集中于与运道有关的河流。其重要者，有会通河、泇河和大通河。

会通河，本为元转漕故道，元末废弃不用。洪武二十四年，河决原武，漫安山湖而东，会通河尽淤。永乐九年，成祖用济宁州同知潘叔正的建议，派宋礼、金纯、周长浚会通河，自济宁引汶、泗之水，至临清，通漳河、御河，北人于海。这河所吸收的水源甚多，在漕河中谓之闸漕，与河漕自茶城至清口间的黄河、湖漕自淮安至扬州间的运河同为漕道中之最重要的部分。《明史·河渠志》说，会通河由济宁至临清三百八十五里，与《元史·河渠志》所记里数，相差甚多，也许明的会通河未必是按着旧址浚修的。

泇河，源有二。“一出费县，南山谷中，循沂州西南流。一出峄县君山东南，与费泇合。谓之东西二泇河。南会彭河水，从马家桥，东过微山、赤山、吕孟等湖，逾葛墟岭而南，经侯家湾、良城至泇口镇，合蛤鳗、连汪诸湖，东会沂水，从周湖、柳湖，接邳州东直河，东南达宿达之黄墩湖、骆马湖，从董、陈二沟人黄河，引泗，合沂，济运道以避黄河之险。”开泇河之议，始于隆庆四年。此后迭经反对与搁置，在万历三十八年以后，才算大致完成。万历三十二年，工部覆李化龙疏说：“开泇有六善，其不疑有二。泇河开而运不借河，河水有无听之，善一。以二百六十里之泇河，避三百三十里之黄河，善二。运不借河，则我为政，得以熟察机宜而治之，善三。估费二十万金，开河六百二十里，视朱衡新河，事半功倍，善四。开募必行招募，春荒役兴，麦熟人散，富民不扰，穷民得以养，善五。粮船过洪，必纷春尽，实畏河涨，运人泇河，朝暮无妨，善六。为陵捍患，为民御灾。无疑者一。徐州向苦洪水，泇河既开，则徐民之为鱼者亦少，无疑者二。”三十八年，御史苏惟霖说：“黄河自清河经桃源，北达直河口，长二百四十里。此在泇下流，水平身广，运舟日行仅十里。然无他道，故必用之。自直河口而上，历邳、徐，达镇口，长二百八十余里，是谓黄河。又百二十里，方抵夏镇。其东自猫窝、泇沟达夏镇，止二百六十余里，是谓泇河。东西相对，舍此则彼。黄河三四月间，浅与泇同。五月初，其流汹涌，白天而下，一步难行，由其水挟沙而来，河口日高。至七月初，则浅涸十倍。统而计之，无一时可由者，溺人损舟，其害甚剧。泇河计日可达，终鲜风波，但得实心任事之臣，不三五年，缺略悉补，数百年之利也。”这可见泇河之经济上的价值。但泇河狭窄，冬春粮艘自北回，仍须取道黄河。泇河的深度和宽度较之元之会通河，似尚有所不及。

大通河，即元之通惠河，于洪武中废败。永乐四年虽加修治，但未彻底，通舟未久，自通州张家湾运到都下之粮，俱用车搬运，粮费甚多。嘉靖六年，因御史吴仲的建议，修复通惠河。明年河成，岁省车赀费二十余万。

清代水官，内有都水司及直年河道沟渠大臣与御史，外有河道总督。都水司属工部，有郎中，满员五人，汉员一人；有员外郎，满员五人，汉员一人；有主事，满员四人，汉员二人。都水司掌河渠、舟航、道路、关梁、公私水事，较明的都水司，职务为纯粹关于水及交通方面。此外，仅于"岁十有二月，代冰纳窖，仲夏颁之，并典坛庙殿庭，器用"。直年河道沟渠大臣共四人，掌京师五城河道沟渠。督理街道衙门御史亦四人，掌道路沟渎。河道总督，江南一人，山东、河南一人，直隶一人，掌治河渠，以时疏浚堤防，综其政令，下有参将副将、等官。

清代黄河水患，不减元明。而黄河南行，淮先受病，淮病而运亦病。终清之世，淮河和运河也出了不少的麻烦。清人治水，不可谓不勤，但属于抢险补苴者多，而属于积极建设者少。总观清之水利工程，似只有靳辅开中河，有积极的意义。康熙二十五年，辅以运道经黄河，风涛险恶，自骆马湖凿渠，历宿迁、桃源，至清河仲家庄出口。粮船北上，出清口后，行黄河数里，即人中河，直达张庄运口，以避黄河百八十里之险。河开以后，商民称便。后来于成龙又自桃源盛家道口至清河，弃中河下段，改凿六十里，名新中河；张鹏翮更用旧中河上段、新中河下段，合为一河，重加修浚，更加便利。

总观元明清三朝，在河渠之开辟及整理上，虽在当时政府都相当地尽力，但比着隋唐宋的情形大不相同。隋唐时开凿那样长的运河，宋运输那样多的粮米，都像没有费什么力。元明清，在这一方面，能享受太平的日子似乎太少，所表现的精力和隋唐宋人实在差得太多。在这时，除了官粮走运河外，商民似乎也都不能不走这条路。清之海运是依赖商船，清时商人取海道以往内地的，大概还不少。

（三）元明清时期的邮驿

元时，邮驿之制最为发达，有站赤，有急递铺。站赤是驿。急递铺是邮。

站赤，有陆站，有水站。陆站，用马，用牛，用驴，或用车，或用轿，或徒步，而辽东又有用狗者。水站，用舟。准予发给驿传的玺书，叫作铺马圣旨；遇军务急时，以金字圆符为信，银字者次之。官有驿令，有提领。又有所谓“脱脱禾孙”者，置于关会之地，以司辨诘，俱属于通政院和中书兵部。

《元史·地理志》注云：“至元十八年，王暗言，本国置站凡四十，民畜凋敝。敕并为二十站。三十年，沿海立水驿，自航罗至鸭绿江并杨村海口，凡三十所。”这是在东北方面，除辽阳省不计外，在朝鲜半岛设陆站，由四十减为二十；并沿黄海东岸，自朝鲜半岛之南极，直达鸭绿江，包含杨村之驿在内，还设有三十水站。“安南郡县附录”下，云：“自安南、大罗城至燕京，约一百一十五驿，计七千七百余里。”这是在南方，驿站直达安南。安南所有站数不可考，但自大罗城至燕京七千七百余里仅有驿一百一十五，至少在安南境内之驿站，间隔恐甚疏远。又“西北地附录”下，出“畏兀儿地”，注云：“至元二十年，立畏兀儿四处站，及交钞库。”出“别失八里”，注云：“至元十五年，授八撒察里虎符，掌别失八里、畏兀城子里军站事。十七年，以万户某公直成别失八里。十八年，从诸王阿只吉请，自大和岭至别失八里，置新站三十二。”出“彭八里”注云：“至元十五年，授朵鲁知金符，掌彭八里军站事。”畏兀儿地、别失八里、彭八里均在今新疆境内，太和岭约在今西比利亚之南境，则元代之驿站，在西北方面，已经由新疆，到达西比利亚的南境了。而在中央亚细亚方面，元代盛时，经营甚勤，恐怕也不能无站赤之设的。

依上面所记，我们可以推测元时站赤的情形。（1）站赤之设，视当地情形的需要，而定多寡。所以，甘肃省仅马站六处，而江浙省有各种站赤二百六十二处。（2）船马之设，也视实际的需要，各站所置不等。陕西省陆站可有马九十五匹，河南、江北省仅能有三十三匹。云南省水站仅有船六只，江浙省水站则可有船十九只以至二十只。（3）就各省面积和各省站数及船、马、车、牛等数相比，则江浙省交通最盛，故有驿站二百六十二；中书省以较大的面积，且为大都所在，却仅能有一百九十八站。又，江浙省水路交通盛于全国，故每站可有十九或二十只船；中书省之运输似较他省为繁，所以牛驴之属特别地多。

急递铺，较站赤设立为晚。站赤，在元太宗时已有之。急递铺，则在元世祖时，始自燕京至开平府，继自开平府至京兆，验地理远近、人数多寡，设立。各铺之间，距离十里，十五里，或二十五里，不等。中统元年，诏随处官司设传递铺，递铺才大广。

急递铺，每铺设铺丁五人，皆须壮健善走者，腰束革带，悬铃持枪，挟雨衣，赍文书，以行，夜则持炬火。铃的用处和威权甚大：遇道狭时，坐车乘马的人以及负载器物的人，均须躲在路底旁边，而铃声达到传递人所要去的铺所时，铺人须赶紧出来，在门口等着，接着他的文书，辗转传递下去。至元三十一年，大都设总急递铺提领三员；至治三年，各处急递铺，每十铺设一邮长，而递铺之组织更密。

急递铺置有两种簿书。一种簿书，记载所转递文书和当传铺所。又一种簿书，则记载文书到铺时刻及本铺转递人姓名；而本铺转递人将文书送到下铺时，由到达铺所签押交收时刻，持以还铺。其所转递文书，照例由寄发官司绢袋封记，以牌书号。铺兵转递时，更裹以软绢包袱，用油绢卷缚，夹版束系，且须注意，使文书不破碎，不襞积，不濡湿。违者，得依其情节轻重，论罪。

明代驿邮之事，掌于兵部车驾清吏司。驿邮制度，略如元时，有会同馆，有水马驿，有急递铺，有递运所。水马驿即元代之站赤，而关于运输者，则以递运所掌之。会同馆，是站赤之在京师者。

会同馆有南北二馆。北馆六所，在北京。南馆三所，在南京。有大使一员，副使二员，总辖馆务。以副使中的一员，分管南馆。凡各王府差遣人员，和西北各国使臣，及云、贵等处土官番人，都在北馆安置。朝鲜、日本、安南等国，进贡使臣，都在南馆安置。南北馆都设备着马、驴、铺陈、什物等，供客应用。北馆共有馆夫三百名，南馆共有馆夫一百名，专造饭食。以造饭的馆夫人数之多看来，可以想见当时的会同馆是有了怎样大的一个局面。

水马驿，其中之属于马驿者，大率六十里或八十里一置。冲要的地方，设马八十匹、六十匹、三十匹不等。其余，虽不是冲要的地方而系经行道路者，也设马二十匹、十匹，以至五匹不等。水驿在冲要的地方，设船二十只、十五只或十只。稍为偏僻的地方，则设船七只或五只，每船有船夫十人。马驿之马，分为上中下三等，马膊上悬挂小牌，写明等第。水驿的船，似无这种类似的分别。

递运所在陆路者，每所设置车辆不等。大车能载米十石者，每车人夫三名，牛三头。小车，人夫一名，牛一头。递运所之在水路者，每船设置船只也不等。船只俱用红油刷饰。每船置牌一面，开写本船字号、料数及水夫姓名、樯柁、篙橹、蓬索、铁锚、篾缆等项，一应浮动什物数目，以凭点视。每船，有船夫十人以至十三人。

急递铺，每十里设一铺。每铺设铺司一人，铺兵十人或四五人，择铺所附近少壮男子充之。每铺设日晷，分一昼夜为一百刻。每三刻，须行一铺，昼夜须行三百里。但遇公文到铺，不问角数多寡，须要随即递送，无分昼夜。递送人鸣铃，持簿籍，用包袱夹版包裹文书，一如元制。

明时所设驿站数目及驿传路线不甚明白。而其各驿相去之里数，在初年已嫌大疏，后更历次裁并，不知爱人惜物，以致常有船坏马倒、官役逃亡的现象。

清代邮驿，亦掌于工部车驾清吏司。有郎中，宗室一人，满一人，汉一人。有员外郎，宗室一人，满洲二人，蒙古一人。有主事，满、汉各一人。除掌邮驿外，还掌颁天下之马政，以裕戎备。

清代的驿、站、塘、台、所、铺，各因其地点之冲要偏僻而设置有繁简，俱备有夫役马驴车船以供差遣和传报，一如前朝。

清制，“凡差给役者，皆验以邮符，日勘合官驰驿用，日火牌兵役用。凡给驿，皆以其等，颁其禁令。凡差过境，护以兵者，则验以兵牌，凡驿递，验以火票，定其迟速之限。若报匣，若夹版，若印封，各考其所达之程，而计以日时。普通以日行二百四十里为度，但遇紧急文书，须日行四百里、五百里、六百里者，皆由发书官司签明。铺递亦如之。泄漏沉匿者，稽迟者，皆察焉。凡发递，皆辨以缓急”。清代邮驿之制，大体上视前朝无所变改也。

清又设有捷报处，尝接驰奏之折而递于宫门。又有各省驻京提塘官十六人，掌递部院官文书送敕即以达于本官。这种制度恐也不始于清。但在清以前，却无考了。

清季，邮政局成立，驿站事务改归邮传部管理。迄于民国三年，则驿站尽裁，而旧日之邮驿制度完全成为过去。

四、近现代中国交通的发展

（一）近现代中国的水上交通发展

中国海上之有轮船，以道光十五年，英国之渣甸号为始。中国内河之有轮船，以咸丰八年英法船只之航行于长江者为始。同治十一年，李鸿章建议设轮船招商局。当时，反对者以为轮船妨河船生计。但李氏说：“欧洲诸国闯人中国边界腹地，无不款关而求互市。海外之险，有兵船巡防，而我与彼可共分之。长江及各海口之利，有轮船转运，而我与彼亦共分之，或不至让洋人独擅其利与险，而浸至反客为主也。”李氏从经济方面和国防方面着眼，都看出招商局不可缓办。于是，他的主张胜利，而招商局于是年成立。同年，招商局轮福星号往来上海、烟台、天津、牛庄，永清号往来上海、香港、汕头、广州，利运号往来上海、厦门、汕头及天津、烟台等处，是为中国自置轮船航行中国海上之始。次年，洞庭号、永宁号往来长江，驳转川、汉、津、粤各货，是为中国自置轮船航行中国内河上之始。

招商局成立后，中国人自营的航业虽已逐渐抬头，但外国人在中国领海及内河经营航业，仍是不遗余力。截至民国十四年六月底止，依《交通史·航政编》第六章所载，外国人历来在中国经营航业者，有中国航业公司、印度中国航业公司、大英轮船公司、日本邮船会社、大阪商船会社、日清汽船会社等。

此外，尚有美国人经营之大来洋行、中国邮船公司，德国人经营之亨宝公司、北德意志公司、法国人经营之法国邮船公司、意大利人经营之义国邮船公司，或专航经中国沿海各岸，或兼驰及中国内河各地，在中国的水道交通上都占有相当的势力。而英、日、美在中国水道交通上的势力更大，日本的势力发展最速。中国人在国境内所表示水上交通的力量，实尚不及英之客籍船只，而亦不及日、美客船之和，甚远。今将民国元年至十七年，中国与三国往来中国境内之船只，作一吨数的比较，以见中国水道交通，宾主倒错的情形之一斑。

（二）近现代中国的陆路交通发展

中国建设铁道之议，始于同治三年。同治十三年，英商邪台马其沙实业公司即后之怡和洋行建议修筑淞沪铁路，自吴淞到上海。光绪二年十一月十六日，淞沪铁路全部修成，中国以二十万五千两的巨款，收回这条路以及它的车辆。这条路收回后，马上就把全路掘毁。这是中国第一次正式地有铁道的铺设和火车的驶行，而都遭到失败。

但当破坏淞沪铁路的时候，中国也有人感觉着铁道的需要。就在这一年，就有商人想建筑唐山到胥各庄的铁道。直到光绪六年，这条铁道方准修筑。不过这条铁道不准用机车，只准用驴马拖载。这就是所谓马车铁道。这是中国人自建铁道之始。这条铁道两轨间的距离，定为英尺四尺八寸半，成了以后中国铁道轨两间的标准。光绪八年，唐胥铁路工程师英人金达，又用开矿机器之废旧炉锅，改为小机车，是为国内造车及中国铁道上驶行机车之始。唐胥路初隶于矿局。光绪十一年，由于金达的建议，组织开平铁路公司，除将唐胥路收买外，并拟将路线延长。这是中国有铁路公司之始，而为后来的京奉铁路的初基。

唐胥路是一个极小的铁道,长度仅十八里。规模稍大,而又出于政府之意志者,则为光绪十五年倡议修筑之芦汉铁路。在光绪十五年前,虽有唐胥路之修筑及展修,朝议对于铁道之建设,却仍以反对派占势力。光绪六年,刘铭传奏疏,说:"自古敌国外患未有如今日之多且强也。一国有事,各国环窥。而俄地横亘东西,与我壤界交错,尤为心腹之忧。俄自欧洲起造铁路,渐近浩罕。又将由海参崴开路,以达珲春。此时之持满不发者,以铁路未成故也。不出十年,祸且不测。日本,一弹丸国耳,师西人之长技,恃有铁路,亦遇事与我为难。舍此不图,自强恐无及矣。自强之道,练兵造器固宜次第举行,然其机括则在于急造铁路。铁路之利于漕务、赈务、商务、矿务、釐捐、行旅者,不可殚述,而于用兵,尤不可缓。中国幅员辽阔,北边绵亘万里,毗连俄界;通商各海口,又与各国共之。画疆而守,则防不胜防;驰逐往来,则鞭长莫及。惟铁路一开,则东西南北,汲汲相通,视敌所趋,相机策应。虽万里之遥,数日可至;百万之众,一呼而集。且兵合则强,分则弱。以中国十八省计之,兵非不多,饷非不足。然此疆彼界,各具一心,遇有兵端,自顾不暇,征饷调兵,无力承应。若铁路告成,则声势联络,血脉贯通。裁兵节饷,并成劲旅。防边防海,转运枪炮,朝发夕至。驻防之兵即可为游击之旅。十八省合为一气,一兵可抵十数兵之用。将来兵权、饷权俱在朝廷,内重外轻,不为疆臣所牵制矣。方今国计绌于边防,民生困于釐卡,各国通商,争权夺利,财赋日竭,后患方殷。如有铁路,收费足以养兵,则釐卡可以酌裁。裕国便民,无逾于此。"刘氏从军事的观点上说明铁道建设之重要,在今日视之,尚为不易之论。这可见当时的开明人物对于陆路交通建设之见解。但这种说法,除了李鸿章赞成外,反对的人极多,此篇奏疏竟然无用。这可见当时反对派的势力了。

光绪十一年,中法战后,因事实的教训,主张建修铁道者逐渐加多,在理论上也比以前为进步。十五年,张之洞倡议修卢汉铁路,把建筑铁道在军事方面、政治方面,以及在经济方面之利益,铁道之经由路线,施工次第和筹款办法,都说得头头是道。这可见主张建修铁路者的眼光这时已更为宽大，办法也比较以前略为周详。同时，这个建议得到了海军衙门的通过，得到了朝廷的允许，反对派的势力顿行低落，铁路在中国之建设也算是闯过了一个难关。慢慢地转了运气。

自中国初建铁道始，到清末止，中国铁道之官办者，大约有京汉铁路、京奉铁路、津浦铁路、京张铁路、沪宁铁路、沪杭甬铁路等。其中沪杭甬铁路，初名苏杭甬铁路。此路初修时，原分为苏路与浙路。苏路在光绪三十三年正月开工。五月，上海至松江通车。六月二十八日上海至枫泾通车。浙路，在光绪三十二年九月开工。三十四年，杭州至长安通车。宣统元年，杭州至枫泾通车，与苏路接轨。已成路线，自今上海南站起，至闸口止，共长一八六，一五公里。自曹娥江至宁波，仅已铺轨，尚未通车。本路共借英金一百五十万镑。

入民国后，汴洛铁路之展修为陇海铁路，粤汉铁路也修筑完成。此外，东北铁道之建设有四洮铁路三百一十公里，洮昂铁路二百四十公里，呼海铁路二百十四公里，吉敦铁路二百一十公里，沈海铁路二百五十七公里，吉海铁路二百五十一公里，齐克铁路二百二十八公里。杭江铁路之建设在民国十八年兴办，用浙江省款，由浙江省政府主持。全线自杭州渡江南行，达江西玉山，为贯穿浙江全省以通江西、福建的干线。共长三百三十公里。

现代中国陆路交通之主管机关，在初创办铁道时，尚无专司。光绪十二年，因李鸿章的奏请，以铁道事务归总理海军事务衙门管理。二十二年，设立铁路总公司，其任务为关于铁道之设建，技术的性质为多，铁道之行政管理仍由海军衙门直辖。二十九年矿务铁路总局裁撤，所有路矿事宜归并于商部。商部设有保惠、平均、通艺、会计四司，铁路即隶属于通艺司。三十三年，邮传部设路政司，另设邮传部铁路总局。至是，关于铁道之管理渐密。此制行至清末未变。而关于国道之建设，则以当时尚无此议，故邮传部亦无此种职掌。

（三）近现代中国的空中交通

1. 沪蜀线

沪汉段，由上海，经南京、安庆、九江，以达汉口，计航程九百十四公里，十八年十月十七日开航。

汉渝段，接连沪汉段，由汉口经沙市、宜昌、万县，以达重庆，计航程八百九十一公里，二十年四月一日由汉口通宜昌，十月二十一日展至重庆。

渝蓉段，接汉渝段，由重庆以达成都，计航程二百七十七公里，二十二年十一月十一日开航。

2. 沪平线

原为京平线，自南京，经济南、天津以达北平，航程一千一百四十公里，二十年四月开航。二十二年一月十日，改由上海起飞，经南京、海州、青岛、天津，以达北平，始名沪平线，计航程一千四百二十七公里。

3. 沪粤线

由上海经温州、福州、厦门、汕头、香港，以达广州，航程计一千六百二十公里，二十二年十月二十四日开航。

4. 渝昆线

由重庆，经贵阳，以达昆明。

此外，尚拟辟康藏线，因筹备困难，尚不能通航。

欧亚航空公司成立于二十年三月，为中国与德国汉沙航空公司所合办。资本初为三百万元，后增至五百一十万元，中国占三分之二，德方占三分之一。此公司之组织，为德方所提议，其目的在使上海、南京与柏林之间，辟一国际航线。

此外尚有，由西安经天水至兰州、由西安经平凉至兰州、由兰州经凉州至肃州、由肃州经安西至哈密、由长沙经衡州至广州，五不定班航线。在民国二十二三年以来，也时常有乘客在此诸线上下。

西南航空公司，系西南军政当局陈济棠等发起，于民国二十二年六月成立筹备处，定资本一百五十万元，完全由华人担任。

第三节　我国城市交通的发展规律和趋势

城市交通是顺应城市经济、社会和城市的发展而发展的。

城市经济的发展带来生产需求和流通需求的增加，带来了生产性货运、生活性货运和上下班客运的不断发展，而城市居民生活水平的提高也带来了居民出行机动化程度的提高和出行量的增加。表现在出行方式（交通结构）上，从步行到步行 + 自行车 + 公共汽车，到步行 + 自行车 + 公共交通 + 小汽车，将来可能会发展到以公共交通和小汽车为主的交通结构。交通的发展是必然的。

相比国外，我国城市小汽车的发展要相应提前。目前在我国城市私人小汽车发展预测中常采用 2020 年（人均 GDP10000 美元左右）达到 18 辆 / 百人的指标。随着国产小汽车数量的剧增、价格的速降，人民生活水平的不断提高，机动车进人家庭是不可阻挡的历史潮流。

现代城市交通最重要的表象是“机动化”，“机动化”的实质是对“快速”和“高效率”的追求，这是符合时代发展精神的。城市交通“机动化”有利于加快流通，缩短出行的时间距离，加大人的活动范围，更重要的是可以带动经济、社会和城市的发展，城市交通的“机动化”必然呈迅速上升的趋势。

西方国家城市交通机动化的进程伴随着非机动交通的衰退，因之而产生的相对单一的机动交通的组织和交通问题的解决都比较简单。目前中国城市交通机动化发展十分迅速，但总体上机动化的整体发展水平还比较低，城市交通机动化的程度很不均衡，主要集中在发展水平较高的特大城市和地区。我国城市交通的机动化发展仍然伴随着大量非机动车的交通，使得城市交通的复杂性十分明显，解决交通问题的难度很大。

随着城市的不断扩展，城市交通机动化的迅速发展，城市交通面临两个问题。

一是城市在不断发展，城市居民的出行量和交通量不断增加，出行距离不断加大，交通需求关系越来越复杂，交通矛盾越来越激化，城市交通建设就数量而言，永远赶不上城市交通的发展，这是城市交通问题产生的重要原因，但又是客观的必然。但是我们也要看到，城市的发展不是无限制的，城市交通的发展就与城市发展而言也不是无限的。城市交通的发展同城市的发展一样，有自调的机能。

二是城市机动交通的比例不断提高，机动交通与非机动交通、行人步行交通的矛盾不断激化，城市道路系统的交通状况越来越复杂。目前，我国许多特大城市和大城市已开始进入机动化的快速发展阶段，机动车对城市交通的冲击日益明显，机动车与行人、非机动车的矛盾已成为城市交通的主要矛盾。机动交通的迅速发展势必对人的行为规律和城市形态产生巨大影响，城市交通机动化的发展也会成为城市社会经济和城市发展的制约因素，原有的城市道路系统结构已经不能满足城市交通发展的需要。对此，城市规划要有预见，要做好准备。

第二章 城市道路交通规划

随着城市经济的发展，城市规模不断扩大，各种社会经济活动日益频繁，对交通的需求量也不断增加，因此需要对城市道路交通进行总体规划，建设新的道路，使原有的道路网更适应现在的发展要求。本章内容包括城市道路网、常规公共交通、轨道交通、对外交通、慢行交通等的规划。

第一节 城市道路网络规划

一、城市道路网规划的基本要求

（一）城市通路网规划原则

城市道路作为城市中人的活动和物资运输必需的重要设施载体，首先应满足客货车流和人流的安全畅通。城市道路还应该满足城市发展各种要求。

1. 组织城市用地与空间布局

从城市规模来看，快速路和主干路是形成城市结构骨架的基础设施；从地区规模来看，道路起到划分邻里居住区、街坊等局部地块的作用。这样在道路规划之后，可以引导和促进城市发展，推动用地结构和产业布局调整。

2. 加强道路网络的系统性，满足城市交通运输的需求

满足交通运输要求是道路网规划的首要目标，系指随着城市活动产生的交通需要中，对应于道路交通需要的通过和进出交通功能，是行人与车辆来往的专用地。

3. 注重道路交通与环境的关系

城市道路作为城市带状景观轴线，对形成城市的视觉走廊，丰富城市景观都起到很好的效果。因此，道路系统规划时，要满足城市绿地系统规划对道路绿化的要求。使城市道路与城市景观相协调，满足市政工程管线布设的要求。

4. 防灾减灾与应急通道

道路作为火灾、震灾发生时的避难场所，也是消防、应急救灾等的重要通道。因此，道路系统应具有避难道路、防火带、消防和救援通道等作用。

（二）道路网规划内容与基本流程

城市道路网规划作为城市交通规划的重要组成部分，是对城市总体规划阶段路网规划的深化，同时，作为专项道路规划，也是城市控制性详细规划的主要内容。

1. 规划内容

道路网规划主要分为以下六个方面的内容：制定城市道路网络的发展目标、发展策略，确定近远期道路网体系结构、布局和规模；确定城市骨架道路系统（由快速路、主干道、次干道组成），论证并确定道路等级、建设控制标准、道路红线、对应道路断面形式及交叉口形式与控制范围；原则确定支路的控制规模，设置标准、走向、控制要求；主要道路横断面推荐方案；确定互通立交的位置与红线控制范围，提出初步规划方案，跨线桥的位置与用地控制范围；确定交通设施布设的位置、标准与控制要求。

作为道路网专项规划，除了要满足主要内容研究深度的要求

外，还需包括：在确定道路网络总体结构、道路网络主骨架的情况下，对不同等级的道路进行使用功能划分；对干道网中每一条道路，根据其等级及使用功能进行横断面设计（板块形式、是否设置非机动车道、非机动车道的宽度、人行道的宽度、隔离物的形式与宽度）；确定道路红线控制范围；提出快速路、干道之间交叉口的型式（立交还是平面相交、采用何种型式的立交）并对主要干道之间的平面交叉口进行规划设计；对支路系统提出改善方案，确定支路的使用功能、支路的红线宽度，交通管理的要求（是否设置单行道、是否为非机动车专用路、支路与主要干道交叉口的交通组织与管理）。

2. 规划流程

城市道路网规划涉及城市发展、土地利用以及交通系统等多方面的因素，因此，需要明确规划研究的基本思路，合理翻定规划分析框架与流程。

城市道路网规划技术分析框架具体分为三个阶段。

（1）准备工作

开展现状调查与资料收集、现状分析与问题诊断，并解读上位规划与相关专项规划，分析城市交通发展趋势。

（2）方案制定

建立城市交通模型，进行交通需求分析和预测，以交通需求为参考，制定城市道路网规划方案，包括道路功能分级体系、快速路系统、骨架路网布局、支路网控制性规划以及道路设施规划等方案。

（3）方案优化

利用交通模型对规划方案进行测试与评价，调整优化方案，并制定路网规划的近期实施方案。

二、城市道路分类分级

（一）城市道路的分类分级的目的

要实现城市道路的4个基本功能，必须建立适当的道路网络。在路网中，就每一条道路而言。其功能是有侧重面的，这是在城市规划阶段就已经赋予的。也就是说，尽管城市道路的功能是综合性的，但还是应突出每一条道路的主要功能，这对于保证城市正常活动、交通运输的经济合理以及交通秩序的有效管理等诸方面，都是非常必要的。

（二）城市道路分级

城市道路的分级主要依据城市规模、设计交通量以及道路所处的地形类别等来进行划分。

为了使道路既能满足使用要求，又节约投资和用地，我国《城市道路设计规范》规定，除快速路外，各类道路又分为Ⅰ、Ⅱ、Ⅲ级。一般情况下，道路分级与大、中、小城市对应。各类各级道路的主要技术指标见表2-1。

表2-1　我国各类各级城市道路主要技术指标

项目 类别	级别	设计车速（km/h）	双向机动车车道条数	机动车道宽（m）	分隔带设置	道路横断面形式
快速路	/	80,60	≥4	3.75	必须设	二幅路
主干路	Ⅰ	60,50	≥4	3.75	应设	一、二、三、四幅路
	Ⅱ	50,40	≥4	3.75	应设	一、二、三幅路
	Ⅲ	40,30	2～4	3.50～3.75	可设	一、二、三幅路
次干路	Ⅰ	50,40	2～4	3.75	可设	一、二、三幅路
	Ⅱ	40,30	2～4	3.50～3.75	不设	一幅路
	Ⅲ	30,20	2	3.50	不设	一幅路

续表

类别＼项目	级别	设计车速（km/h）	双向机动车车道条数	机动车道宽（m）	分隔带设置	道路横断面形式
支路	Ⅰ	40.30	2	3.50 ~ 3.7	不设	一幅路
	Ⅱ	30.20	2	3.50	不设	一幅路
	Ⅲ	20	2	3.50	不设	一幅路

注：在条件许可时，设计车速宜用最大值。

三、城市道路网规划设计的一般程序

（一）现状调查，资料准备

（1）城市地形图：包括城市市域范围和中心城区范围两种地形图，市域地形图应能反映区域范围内城市之间的关系，河湖水源、公路、铁路与城市的联系等。地形图比例尺可为1∶50000—1∶10000。另为定线校核之用，还需有1∶1000（或1∶2000）的地形图。

（2）城市用地布局和交通规划初步方案：即在城市总体规划中作出的城市土地使用和交通系统规划初步方案。

（3）城市发展社会经济资料：包括城市性质、规模、人口，经济及交通发展资料，城市发展期限等。

（4）城市道路交通现状调查资料：包括城市历年机动车、非机动车拥有量资料，城市主要干道及交叉口交通流量、流向分布资料，大比例尺（1∶500—1∶1000）城市地形图，用来准确反映道路现状平面线型、交叉口形式、横断面布置形式等。

（5）城市道路交通现状存在的问题：包括路网结构、主要干道、交叉口的线型、形式、通行能力等方面的不适应程度，以及存在问题的主要原因。

（二）道路系统初步方案设计

根据交通规划和城市总体规划的要求，考虑城市的发展和用地的调整,从“骨架”和“功能”的角度提出道路系统规划初步方案。

（三）道路具体设计方案

对干道主要控制点、横断面形式、干道竖向布置等具体问题提出设计方案。

（四）修改道路系统规划方案

对初步方案进行全面分析比较,包括对社会、经济、交通的影响和效益分析以及对道路的横断面形式、交叉口形式及交通组织方式等细致的研究,提出道路系统规划设计及重要交通节点的设计方案。

（五）绘制道路系统规划图

绘制道路系统规划图包括规划平面图以及标准横断面图。平面图要标出城市主要用地的功能布局,干道平面位置,线型控制点的位置、坐标的高程,交叉口的平面形式等,比例尺一般为1∶10000或1∶5000。

（六）编制道路系统规划方案说明

对整个道路系统规划设计工作做必要的方案说明,一般应包括如设计的依据,规划的原则。各项指标及参数的确定,道路系统带来的交通及社会经济效益的简要分析结论,道路网分期实施方案以及其他需加以说明的事项等内容。

第二节　城市常规公共交通规划

一、常规公共交通概述

城市常规公交系统是指在城市道路上运行的公共电车、汽车组成的交通系统，不包括轨道交通、出租车等非常规公共交通形式。在城市公共交通中，常规公交是主体，因此，不特别说明时，城市公共交通即指常规公交。

常规公共交通规划对于优化城市交通系统与功能，提升城市交通系统效率、促进城市土地利用与交通的协调发展、整合城市功能、提升城市品位和整体形象具有重要意义，常规公共交通规划的重要性随着城市扩建扩张和城市化率提高而更加明显。

二、公交线网规划

（一）公交线网规划依据

公共交通线路网规划的依据有：

（1）城市土地使用规划方案确定的用地和主要人流集散点布局；

（2）城市交通系统规划方案（与城市结构一起考虑的交通系统结构构思）；

（3）城市交通调查和交通规划的出行形态分布分配资料。

（二）公交线网规划原则

（1）首先满足城市居民上下班出行的乘车需要，其次还需满足生活出行、旅游等乘车需要；

（2）合理安排公共交通线路网，提高公共交通覆盖（服务）面积，使客流量尽可能均匀并与运载能力相适应；

（3）尽可能在城市主要人流集散点（如对外客运交通枢纽、大型商业文体中心、大居住区中心等）设置公交换乘枢纽，并在枢纽间开辟直接（快速骨干）线路，线路走向必须与主要客流流向一致；

（4）尽可能减少居民乘车出行的换乘次数。

（三）公共交通线网规划的基本步骤

现状城区公共交通线路网规划通常是在现有公共交通线路基础上，根据客流变化情况、道路建设及新客流吸引中心的需要，对原有线路的走线、站点设置、运营指标等进行调整，或开辟新的公共交通线路。

当城市用地结构、城市干路网发生大的变动（如对外客运交通枢纽的迁建、新交通干路的开辟），或开通新的大运量快速城市轨道客运线路时，应考虑结合城市公共交通系统的现代化对城市公共交通系统进行整体调整。

对于新建城市或规划期内将有大的发展的城市，公共交通线路网需要密切配合城市用地规划结构进行全面规划。

三、公交换乘枢纽规划

公共交通换乘枢纽是城市客运交通枢纽的主体。公共交通换乘枢纽除要完成城市对外客运交通与城市公共交通的换乘外，主要完成多条公共交通骨干线路间的换乘，完成公共交通骨干线路与组团级地方公交普通线路间的换乘。公共交通线路与对外客运交通线路的换乘可以采用平面组合换乘，也可以采用多层衔接、立体换乘，设置机械化代步装置等形式。

公共交通换乘枢纽是城市客运交通枢纽的重要组成部分，城市客运交通枢纽大多是以公交换乘枢纽为核心的。

公交换乘枢纽可以相应按需要分级分规模设置：

（1）市级公交换乘枢纽：与城市对外客运交通枢纽（铁路客站、长途客站等）结合布置的公交换乘枢纽，以及设置在市级城市中心附近的多条市级公交干线换乘的枢纽等。

（2）组团级公交换乘枢纽：各组团中心或主要客流集中地设置的市级公交干线与组团级普通线路衔接换乘的公共交通换乘枢纽

（3）其他换乘枢纽：包括城市中心交通限控区的地段换乘设施、市区公共交通线路与郊区公共交通线路衔接的换乘枢纽和为特定大型公共设施（如体育中心、游览中心、购物中心等）服务的交通枢纽等。

规划还可以在一些换乘量大、重复线路多的站点，设置换乘方便的公共交通组合站（换乘站），作为公共交通换乘枢纽的补充。

四、常规公交场站规划

城市常规公共交通场站的规划主要包括公交首末站、中途站、枢纽站、停车场、保养场、修理厂、调度中心的布局规划。公交场站建设必须统一规划、系统建设、逐步实施，以安全、方便、迅速、舒适的服务满足居民出行的需求。

（一）常规公交场站体系构成及规划原则

1. 首末站

首末站的主要功能是为线路上的公交车辆在开始和结束营运、等候调度以及下班后提供合理停放场地的必要场所。它既是公交站点的一部分，也兼具车辆停放和小规模保养的用途。首末站设置应根据综合交通体系的道路网系统和用地布局。

2. 中途站

公交车辆的中途站点规划在公交车辆的起、终点及线路走向确定以后进行。

中途站应设置在公共交通线路沿途所经过的客流集散点处，宜与人行过街设施、其他交通方式衔接；还应沿街布置，站址宜选在能按要求完成运营车辆安全停靠、便捷通行、方便乘车三项主要功能的地方；同向换乘距离不应大于 50 m，异向换乘距离不应大于 100 m；对置设站，应在车辆前进方向迎面错开 30 m；在道路平面交叉口和立体交叉口上设置的车站，换乘距离不宜大于 150 m，并不得大于 200 m；几条公交线路重复经过同一路段时，其中途站宜合并设置。

在中途站的距离设计上，站距宜为 500 ~ 800 m，市中心区站距宜选择下限值，城市边缘地区和郊区的站距宜选择上限值。

3. 枢纽站

公交枢纽站是公共交通线网和运营组织的核心，是客流转换和保障运输过程连续性的关键节点，是发挥多方式衔接联运和各自优势的重要环节，是车辆停放、低级保养、抢修及调度的重要场所。

4. 停车场

停车场应具备为线路运营车辆下线后提供合理的停放空间、场地和必要设施等主要功能，并应能按规定对车辆进行低级保养和小修作业。停车场应包括停车坪（库）、洗车台（间）、试车道、场区道路以及运营管理、生活服务、安全环保等设施。

停车场在规划时要注意许多事项，停车场宜分散布局，可与首末站、枢纽站合建；用地应安排在水、电供应、消防和市政设施条件齐备的地区；可通过综合开发利用，建地下停车场或立体停车场；并且在用地紧张，城市空间有限的大城市中，停车场还可向上层空间或向地下发展。

5. 保养场

保养场应具有承担运营车辆的各级保养任务，并应具有相应的配件加工、修制能力和修车材料及燃料的储存、发放等功能。

保养场应包括生产管理、生产辅助、生活服务和安全环保等设施。

6. 修理厂

修理厂宜建在距离城市各分区位置适中、交通方便、交通流量较小的主干道旁，周围有一定发展余地和方便接入的给排水、电力等市政设施的市区边缘。中小城市的修理厂宜与保养场合建。修理厂的建设应进行环境评价，其内容应包括噪声、废气排放、污水排放和固体废物等。

7. 调度中心

调度中心应具备运营动态管理、调度、监控和公共信息服务等功能。应配置调度工作平台、通信设施、在线服务设施和救援车辆等设备，包括若干调度终端、视频显示系统及机房等。

调度中心应与公交企业的调度体制相协调，可根据交通方式特征，按不同类型或隶属关系分别建设总调度中心和分调度中心，分调度中心为分公司系统的指挥中心，分调度中心的工作半径不应大于 8km，且宜与大型枢纽站或停车场合建。

（二）场站分区布局策略

城市内各区域间的发展差异较为明显，且未来规划的发展方向也各有侧重，为了结合各片区的发展特点，实施差别化布局策略，使场站的空间布局更加合理，宜根据各片区的功能特征和一体化程度采取不同的布局策略，如表 2-2 所示。

表 2-2　片区用地条件及公交场站布局策略

用地条件	布局策略
用地紧张、土地协调难度大	设置深港湾站，优先满足公交客流中转换乘场站的用地；结合城区改造，满足部分车辆服务型场站用地
土地价值较高，新规划区有用地条件	保证必要的换乘枢纽和首末站设施用地
现状用地相对宽裕，新开发片区有用地条件	规划预留公交场站用地；配套自身的车辆服务性场站，弥补其他片区的场站用地不足

（三）场站用地标准及规模

1. 首末站用地标准及规模

首末站的规模应按线路所配运营的车辆总数确定，并应符合下列规定：

（1）每辆标准车首末站用地面积应按 100 ~ 120 m^2 计算；其中回车道、行车道和候车亭用地应按每辆标准车 20 m^2 计算；停车坪用地不应小于每辆标准车 58 m^2；绿化用地不宜小于用地面积的 20%；用地狭长或高低错落等情况下，首末站用地面积应乘以 1.5 倍以上的用地系数；

（2）当首站不用作夜间停车时，用地面积应按该线路全部营运车辆的 60%计算；当首站用作夜间停车时，用地面积应按该线路全部运营车辆计算；首站办公用地面积不宜小于 35 m^2；

（3）末站用地面积应按线路全部运营车辆的 20%计算，末站办公用地面积不宜小于 20 m^2。

2. 中途站用地标准及规模

中途站包括停靠区以及候车亭、站台、站牌及候车廊等设施。

（1）候车亭高度不宜低于 2.5 m，候车亭顶棚宽度不宜小于 1.5 m，且与站台边线竖向缩进距离不应小于 0.25 m；站台长度不宜小于 35 m，宽度不宜小于 2 m，且应高于地面 0.25 m；候车廊廊长宜为 15 ~ 20 m，客流较少的街道上设置中途站时，应适当缩短候车廊，且廊长不宜小于 5 m，也可不设候车廊；

（2）在大城市和特大城市，线路行车间隔在 3 min 以上时，停靠区长度宜为 30 m；线路行车间隔在 3 min 以内时，停靠区长度宜为 50 m；若多线共站，停靠区长度宜为 70 m；

（3）在中、小城市，停靠区的长度可按所停主要车辆类型确定。通过该站的车型在两种以上时，应按最大一种车型的车长加安全间距计算停靠区的长度；

（4）停靠区宽度不应小于 3 m；

（5）中途站宜采用港湾式车站，快速路和主干路应采用港湾式车站，港湾式车站沿路缘向人行道侧呈等腰梯形的凹进不应小于 3 m，长度按照停靠区规定计算。

3. 枢纽站用地标准及规模

枢纽站设计应坚持人车分流、方便换乘、节约资源的基本原则。宜采用集中布置，统筹物理空间、信息服务和交通组织的一体化设计，且应与城市道路系统、轨道交通和对外交通有通畅便捷的通道连接。枢纽站进出车道应分离，车辆宜右进右出。具体的用地和布置要求为：

（1）站内宜按停车区、小修区、发车区等功能分区设置，分区之间应有明显的标志和安全通道，回车道宽度不宜小于 9 m；

（2）发车区不宜少于 4 个始发站，候车亭、站台、站牌及候车廊等设施的设计按照中途站的要求执行；

（3）换乘人行通道设施建设根据需要和条件，可选择平面、架空、地下等设计形式；

（4）枢纽站应设置适量的停车坪，其规模应根据用地条件确定；具备条件的枢纽站，除应按照首末站用地标准计算外，还宜增加设置与换乘基本匹配的小汽车和非机动车停车设施用地；不具备条件的枢纽站，停车坪应按每条线路 2 辆运营车辆折成标台后乘以 200 m^2 累计计算；

（5）办公用地应根据枢纽站规模确定。小型枢纽站不宜小于 45 m^2；中型枢纽站不宜小于 90 m^2；大型枢纽站和综合枢纽站不宜小于 120 m^2；

（6）绿化用地应结合绿化建设进行生态化设计，面积不宜少于总用地面积的 20%。

大型枢纽站和综合枢纽站应在显著位置设置公共信息导向系统，条件许可时宜建电子信息显示服务系统。公共信息导向系统应符合现行国家标准《公共信息导向系统设置原则与要求第 4 部分：公共交通车站（GB/T 15566.4—2007）》的规定。

4. 停车场用地标准及规模

停车场用地面积应根据公交车辆在停放饱和的情况时，每辆车仍可自由出入而不受周边所停车辆的影响确定。

停车场用地面积宜按每辆标准车 150 m^2 计算。停车场用地按生产工艺和使用功能宜划分为运营管理、停车、生产和生活服务区。生产区的建筑密度宜为 45% ~ 50%，运营管理及生活服务区的建筑密度不宜低于 28%。停车坪应有良好的雨水、污水排放系统，应符合现行国家标准《室外排水设计规范（GB50014—2006）》（2016 年版）规定；在用地紧张的城市，停车场可向上层空间或向地下发展。

5. 保养场用地标准及规模

保养场用地应按所承担的保养车辆数计算，并符合表 2–3 的规定。

表 2–3 保养场用地面积指标

保养能力（辆）	每辆车的保养用地面积（m^2/辆）		
	单节公共汽车和电车	铰接式公共汽车和电车	出租小汽车
50	220	280	44
100	210	270	42
200	200	260	40
300	190	250	38
400	180	230	36

6. 修理厂用地标准及规模

修理厂应根据运营车辆数及其大、中修间隔年限计算修理厂的规模、厂房面积等。大、中修间隔年限由各城市按本地具体情况确定。修理厂用地按所承担年修理车辆数计算，宜按 250 m^2/标准车进行设计。

7. 调度中心用地标准及规模

总调度中心用地面积不宜小于 5000 m^2，设施建筑面积不宜小于 5000 m^2。分调度中心每处用地面积按 5000 m^2 计算。

第三节　城市轨道交通规划

一、城市轨道交通运营概况

我国城市轨道交通运营单位由城市人民政府城市轨道交通主管部门按照《中华人民共和国行政许可法》以及市政公用事业特许经营的有关规定确定。城市轨道交通工程竣工后，应进行工程初验。初验合格，须进行不少于 3 个月的不载客试运行。试运营合格，按照国家有关规定验收，并报有关部门备案后，方可交付正式运营。

根据我国《城市轨道交通技术规范》(GB 50490—2009)，城市轨道交通运营是指为实现安全有效运送乘客而有组织开展的各种活动的总称。城市轨道交通的运营包括行车管理、客运服务和维修三部分，其运营应以乘客需求为目标，做到资源共享，方便乘客。

城市轨道交通具有运输能力大、准时性好、单耗低、路权独立的特点，是解决城市道路交通拥挤的有效方法。由于城市人口与就业岗位分布空间的不均衡性，不同城市、不同区域线路的运营效果也不相同。客流量与票价是影响城市轨道交通企业运营的核心因素。从线网角度来看，客流量水平一般可以用客流强度来衡量。客流强度是指单位长度线路每日承担的客流发送量水平，其计量单位一般为万人次 / (km · 日)。表 2-4 给出了部分城市线网规模和客流强度的统计值。

表 2-4　城市轨道交通网规模和客流强度比较（截止 2018 年 3 月）

城市	线网长度(km)	客流强度 [万人次 / (km · 日)]
北京	606.79	1327.46
上海	709.12	1186.7
广州	397.4	1002.6

续表

城市	线网长度(km)	客流强度[万人次/(km·日)]
南京	363.5	348.6
深圳	285.04	570.46
重庆	264	261.8
西安	91.15	255.38
杭州	117.6	159.15
沈阳	115	109.63
天津	173.96	118
郑州	95.4	109.2
南宁	52.3	77.07

可以看出,西安地铁城市轨道交通客流强度最高,天津的客流强度最低。

二、城市轨道交通系统的分类

城市中车辆在固定导轨上运行并主要用于城市客运的交通系统称为城市轨道交通系统。

下面分别介绍不同类型城市轨道交通系统的运营特性。

(一)地下铁道

地下铁道是指线路全部或大部分位于地下隧道内、全封闭且单向小时最大运输能力可达3万人次以上的城市轨道交通系统,一般简称地铁。地铁系统容量大、速度快、安全、准时、舒适、占地少,但建设成本较高。一般在用地紧张、客运需求量大的城市中心区域采用。

地铁车辆一般有A、B两种类型,A型车长度22.0 ~ 23.6 m,车体宽3.0m,定员可达310人;B型车长度19.0 ~ 19.5 m,车体宽2.8m,定员230 ~ 250人(立席均按6人/m^2计算)。地铁列车最高速度一般为80 ~ 100 km/h,运营速度为35 ~ 40k m/h;列车编组辆数通常为 4 ~ 8 辆，少数也有 10~12 辆编组的情况。列车运行的单向小时最大运输能力可达 3 万 ~ 6 万人次。

单从工程造价看，地下线路造价较地面约高 1 倍，高架部分较地面约高 50%。为降低建设工程造价，考虑到征地拆迁难度，高架线路较地面线路容易实施。不过，我国城市土地资源紧缺，为保留地面土地的增值性，采用地下形式也具有现实合理性。地下铁道的另一种革新形式是直线电机系统，有时也称小断面地铁。

从运输能力看，早期的直线电机系统多采用小型车辆，直线电机系统被归为中运量系统，可采用高架线路。较早的直线电机系统有多伦多 Searborough 线、温哥华 Skytrain Expo 线以及东京都 12 号线；我国广州地铁 4 号线、5 号线和北京机场线已采用这种系统。东京都 12 号线最小曲线半径为正线 100 m，侧线 80 m，最大坡度 5.5%，列车编组 6 节，车厢定员 90 ~ 100 人，直流 1500 V 供电，列车最高速度为 70 km/h，单向小时最大输送能力 29 000 人次。直线电机系统车辆自重轻、爬坡能力强（6% ~ 8%）、线路曲线半径小（最小尺寸 50 m）。由于断面较一般地铁断面小，加上采用较小曲线半径和较大坡道，该系统可降低建设成本和维护成本。单向小时最大运输能力为 1.7 万 ~ 3.4 万人次。

（二）轻轨交通

轻轨交通系统的概念是在有轨电车的基础上发展起来的，一般指电气牵引、轮轨导向、车辆编组运行在专用轨道上的中运量城市轨道交通系统，单向小时最大运输能力为 1.5 万 ~3.0 万人次。轻轨系统车体小、轴重轻，设计速度也较低；多应用于中密度城区或交通走廊。

轻轨系统概念内涵较宽，实际中易产生分歧。轻轨系统有三种类型，第一种是源于传统有轨电车的轻轨系统，有时直接称为有轨电车。如 20 世纪早期各国的系统，典型的有斯图加特的轻轨系统、曼彻斯特的轻轨系统(图 2-1)。由于其行驶在城市道路中间,速度慢、噪声大、舒适度差、安全性和准时性较差,单向高峰小时输送能力通常在 1 万人次以下。

图 2-1 曼彻斯特的轻轨系统

第二种是新建的现代化轻轨系统。1978 年,国际公共交通联合会(UITP)将在有轨电车基础上发展而成的中等运量的新型有轨电车交通方式称为“轻轨交通(Light Rail Transit)”,缩写为 LRT。典型的如伦敦的道克兰轻轨系统,采用移动闭塞,列车无人控制,采用独享路权的地下或高架线路。

第三种是利用原有城市间铁路或城市市郊铁路线路走廊提供城市交通服务的轻轨系统,如美国的洛杉矶轻轨系统等。重庆独具特色的立体交通网络,也成为了一道独特的景观(图 2-2)。

轻轨车辆宽度为 2.2 ~ 2.4 m,定员在 100 人左右。新式轻轨车辆为适应客运需求,宽度可达 2.5 ~ 2.6 m。近年来各国研制的新型轻轨车辆有 4 轴车、6 轴单铰接车和 8 轴双铰接车三种车型,车辆定员在 130 ~ 270 人之间,行车间隔可在 2 min 以下,高峰小时单向运输能力一般在 1.5 万人次左右。

轻轨系统修建周期短,工程投资少,运营成本低,可适应陡坡急弯,是一种较好的中运量轨道交通工具。

图 2-2 重庆轻轨

（三）单轨交通

单轨交通，又称单轨或独轨铁路，是由电气牵引、具有特殊导向和转折装置、列车编组运行在专用轨道梁上的中运量城市轨道交通系统。现存最早的单轨铁路是德国乌帕塔尔市在 1901—1903 年间修建的一条长约 13 km 的悬挂式单轨铁路，为电力驱动，当时主要用于游乐，该条轨道现仍在运营中。日本、德国、美国、意大利、澳大利亚等国家的一些城市建有单轨铁路。

跨座式单轨铁路与悬挂式单轨铁路的车辆形式有所不同。跨座式单轨铁路的车辆较宽，约为 3 m，悬挂式单轨铁路的车辆宽度在 2.6 m 左右。跨座式单轨铁路的车辆定员为 140 ~ 190 人，其中座席为 30 ~ 40 人；悬挂式单轨铁路的车辆定员为 100 ~ 160 人，其中座席为 40 ~ 50 人。车内座席可以根据客流量情况设计成纵向、横向和混合排列等不同布置。车辆的最高速度可达 80 km/h，运营速度约为 30 km/h。单轨铁路列车通常为 4 ~ 6 辆编组。单轨交通系统道岔转换慢，列车折返时间较长，行车间隔不易压缩。一般单轨交通系统单向小时最大运输能力在 0.8 万 ~ 2.5 万人次之间。单轨交通系统适宜于市区空间较窄的街道。

(四) 自动导向交通

自动导向交通(Automatic Guideway Transit,简称 AGT)系统在一些文献中被称为新交通系统;其轨道采用混凝土道床、车辆采用橡胶轮胎,由一组导向轮引导车辆运行,列车运行可自动控制,实现无人驾驶。

1964 年,日本建成了一条橡胶轮胎铁路,现已有 10 余条线路在运行。1983 年,也首次建成 AGT 系统(图 2-3),称为 VAL。美国达拉斯沃斯堡机场的 People Movers 系统、摩根城的 Personal Rapid Transit 系统及我国广州的 APM 线也属于这种系统。

图 2-3 法国里昂自动导向交通

(五) 市郊铁路

市郊铁路是指由电气或内燃牵引,轮轨导向,车辆编组运行在城市中心与市郊、市郊与市郊、市郊与规划新城间,以地面专用线路为主的城市轨道交通系统。

市郊铁路一般可利用干线铁路,虽然市郊铁路终点站可引入城市中心区,但多数车站设在郊区,线路长度一般为 40 ~ 80 km,站间距 2 ~ 4 km,高峰期最小行车间隔 5 min 左右,客流强度在 1.0 万人次 /(km · 日)以下。

我国市郊铁路的所有权通常属于铁路部门,经营权由铁路部门或铁路与城市的联合体负责。

（六）磁悬浮铁路

磁悬浮铁路是一种利用电磁原理承载并控制列车运动的轨道交通方式。

目前比较成熟的高速磁悬浮系统有两种类型。一是德国的TR系统，运用结合在机车和导轨上的电磁铁相互吸引产生的纵向和侧向的磁吸力来进行悬浮和导向，通过同步直线电动机原理驱动。1980年兴建了埃姆斯兰（Emsland）试验线，1984年开始载人试验。TR列车的运营速度为400 ~ 500 km/h，运营线路有上海的浦东机场线。另一种是日本的ML系统，通过机车上的超导磁铁和地面线圈的感应电流产生纵向和侧向的电磁斥力来进行悬浮和导向，利用电磁极性转换产生的引力和后方斥力进行驱动。1996年在日本山梨县建成长18.4 km的磁悬浮铁路试验线首期线路。ML列车的运行速度在500 km/h之上，但没有商业运营线路。

日本研发的另一种低速磁悬浮系统即名古屋市爱知高速交通东部丘陵线于2005年投入运营（图2-4）。该线路从藤之丘站到八草站全长8.9 km，作为连接名古屋市内到爱知世界博览会会场的交通线路。车辆最高设计时速100 km，是一种中等载客量、很适合在市内和市郊运行的车辆。

磁悬浮系统原理先进，发达国家曾提出过多个规划项目。不过，由于这些地区或缺乏需求基础，或已有很好的运输系统在运营，磁悬浮系统少有建成机遇。目前，高速磁悬浮只有我国的浦东机场线属于运营线路，中低速磁悬浮除了日本名古屋爱知东部的丘陵线外，我国在建的有北京地铁S1线和长沙的机场线。

北京地铁S1线（图2-5）全长约19.985 km，途经海淀、石景山西到门头沟永定新城—石门营。一期西段工程即石门营—苹果园站，线路长10.165 km，全部为高架线，设站8座，设计最高行车速度为100 km/h。车辆采用实用性磁浮列车，6辆编组，每节车厢载客量在 100 人以内。单向高峰小时输送能力估计在 1.0 万～1.8 万人次。

图 2-4　名古屋市爱知高速交通

图 2-5　北京地铁 S1 线

长沙磁悬浮铁路线路连接长沙火车南站和长沙黄花机场，全长 18.5 km，高架结构。全线设黄花机场站、榔梨站和长沙火车南站三个车站，预留两座车站；设车辆段与综合基地一处，列车编组三节，最高设计速度 120 km/h，运营速度 100 km/h。近期单向高峰小时输送能力估计在 0.3 万～1.0 万人次。

三、城市轨道交通线网规划方法

（一）点线面要素层次分析法

城市轨道交通线网规划是一项庞大而复杂的工程，因此线网构架研究必须分类、分层进行。“点”“线”“面”既是三个不同的类别，又是三个不同层次的研究要素。“点”代表局部、个体性的问题，即客流集散点、换乘节点和起终点的分布；“线”代表方向性问题，即轨道交通走廊的布局；“面”代表整体性、全局性的问题，即线网的结构和对外出口的分布形态。

（二）功能层次分析法

功能层次分析法根据城市结构层次和组团的划分，将整个城市的轨道交通线网按功能分为 3 个层次，即骨干层、扩展层和充实层。骨干层与城市基本结构形态吻合，是基本线网骨架；扩展层在骨干层基础上向外围扩展；充实层是为了增加线网密度，提高服务水平。

（三）逐线规划扩充法

逐线规划扩充法以原有的轨道交通线网为基础，进行线网规模扩充，以适应城市发展。为此，必须在已建线路的基础上，调整规划其他未建线路，来扩充新的线路，并将每条线路依次纳入线网后，形成最终的线网规划方案。

（四）主客流方向线网规划法

主客流方向线网规划法根据城市居民的交通需求特点，确定近期最大限度满足干线交通需求、远期引导合理城市结构和交通结构形成的功能要求，进行初期、近期和远期交通需求空间分布的量化分析,结合定性分析,提出若干轨道交通线网规划方案。

（五）效率最大优化法

效率最大优化法以路线效率最高为目标,根据已知条件搜索出路线效率最大的一条或几条线路,作为最优轨道交通路线集来研究线网的基本构架。

第四节　城市对外交通规划

一、城市对外交通与城市的关系

城市对外交通与区域交通运输网络和城市用地布局之间有着密切的关系。对区域而言,城市对外交通是运输网络上的一个节点;对城市而言,对外交通是城市形成和发展的重要条件。对外交通是以城市为基点,与城市外部空间(其他城市、乡村)进行联系的各种交通运输的总称,包括铁路、水运、公路、航空各种对外交通工具运输的线网和枢纽。

（一）城市对外交通的发展直接影响着城市的产生、城市的规模和城市的发展

城市对外交通是城市发展的重要因素之一,许多城市都位于交通要津。

城市布局随着城市对外交通的发展而演变,比如,芜湖市老城原位于长江支流青弋江口内,近代交通工具——轮船出现后,由于可以充分利用大江优势,芜湖市区逐渐向长江沿岸扩展。宁芜(南京—芜湖)铁路通车后,市区又逐渐向铁路沿线伸展。1958年,芜湖又修建了通往市郊工业区的汽车干道。芜湖市区的扩大发展过程,说明城市用地的扩展主要是沿着对外交通干线延伸的,水运、铁路、公路对于城市布局具有重大影响。

（二）城市对外交通系统规划及发展的条件

城市对外交通系统的规划及发展，取决于该城市的地理位置、职能、规模、发展潜力及其在全国或地区交通运输网中的地位。一个职能较为完备的城市，一般都有多种对外交通运输方式，它们按各自的特点和适应性，共同为城市发展服务。

二、城市对外交通系统的构成

城市对外交通方式主要包括铁路、公路、水运和航空，是城市与外部空间进行联系不可缺少的重要方式。航空运输是点上的运输方式，铁路和水运是线上的运输方式。公路运输可以实现面上的运输，独立完成“门到门”运输任务。城市对外交通应妥善处理好各种交通运输方式之间的关系，针对各自特点，发挥各自长处，实现城市与外部空间的高效连接。

（一）铁路运输

铁路运输是利用铁路线路和运输设备进行的运输生产活动，具有较高的速度、较大的运量、较好的安全性及长途运输效率高等特点。因此，铁路运输在城市对外交通中占有重要地位，是我国城市对外交通的主要运输方式之一，它与其他运输方式相比较。

铁路运输的准确性和连续性强，几乎不受气候影响，一年四季可以不分昼夜地进行定期的、有规律的、准确的运转。

铁路运输速度比较快，并且运输量大，其载货物远远高于航空运输和汽车运输。

铁路运输成本低，且安全可靠，风险远比海上运输小。铁路运输对环境污染小，目前主要研究资料均显示，在几种交通运输方式中，铁路不但对环境污染程度低，而且治理费用也比较低。当今发达国家对新一代交通工具选择的着眼点瞄向了对环境影响小的运输方式。高速铁路尤其符合这种要求，并明显优于汽车和飞机(表 2–5)。

表 2–5 各种交通运输方式每人千米对环境的污染水平

污染物(g)	公路	航空	铁路
CO	1.26	0.51	0.003
NO_x	0.25	0.70	0.10
HC	0.10	0.24	0.01
CO_2	111	148	28
SO_2	0.03	0.05	0.10
PM	0.01	0.01	0.02

(二)公路运输

公路是城市道路的延续,公路运输是利用道路和交通工具使旅客和货物发生位移的陆路运输生产活动。随着高速公路网的发展,与城市连接的高速公路逐渐成为城市主要对外联系干道。公路运输机动灵活、原始投资少,资金周转快,但是运输成本高,并且运输能力小,在一般情况下大件货物和长距离运输不太适宜采用公路运输。还有环境污染严重,据相关环保机构对各种运输方式造成污染的研究分析,公路上的汽车运输对大气污染的影响最大,由汽车造成的污染,有机化合物污染占 81%,氮氧化物污染占 83%,一氧化碳污染占 94%。

(三)水路运输

水路运输是指在通航的水域(包括内河和海洋)利用船舶(或者其他浮运工具)使旅客和货物发生空间位置移动的交通生产活动。水路运输是最经济的运输方式,在我国综合运输网络中占有重要地位。

运输能力大。在海洋运输中,超巨型油船载重为 55 万吨,矿石载重达 35 万吨。不像内河运输受航道限制较大,海上运输利用天然航道在条件允许的情况下可随时改造为最有利的航线。

内河运输中,美国最大的顶推船队运输能力超过 5 万 ~ 6 万吨; 我国大型顶推船队的运载能力达 3 万吨,相当于铁路列车的 10 倍。

(四)航空运输

航空运输是利用空中航线和航空器(飞机)使旅客和货物发生位移的交通生产活动。航空运输适合中长距离的旅客运输和时间价值高的小宗货物运输,国际间的旅客运输主要由航空运输完成。航空运输的载运量小,且受气候影响较大。航空运输的主要缺点是飞机机舱容积和载重量都比较小,运载成本和运价比地面运输高。此外,飞机受气候影响较大,恶劣天气会影响飞机的正常飞行和准点性。

三、城市对外交通系统规划的内容

城市对外交通系统规划包括城市规划区内的铁路、公路、港口、机场等系统规划,通过合理的规划,使铁路、公路、航空和水运等城市对外交通运输方式互相配合、衔接,形成结构合理、高效便捷的城市对外综合交通网络。规划过程中,要依据城市具体情况,研究城市对外交通线路和运输枢纽的布局,处理好与相关专业规划的协调和衔接,明确对外交通发展的战略目标、体系结构、总体布局、功能等级等。

四、城市对外交通系统规划的流程

(一)城市对外交通的主要影响因素

对外交通是城市与区域联系、沟通的动脉,对提高城市在区域中的核心竞争力、加强资源吸引和配置能力、引导区域产业发展等方面均有重要作用。城市对外交通规划是区域运输网络节点规划中的重要内容,应与区域运输网络规划相协调。城市对外交通规划,也是城市重大基础设施建设的重要依据,应考虑城市所处的地形地质、自然环境、城市用地分布、城市交通等因素的影响。

1. 区域交通运输网络

区域交通运输网络规划,是基于空间地理学和运输经济学原理,以区域服务水平及整体效益最优为目标,进行交通运输线网及枢纽的规划。在这个层面,城市仅作为交通吸引和发生的源点进行考虑。根据区域城市间客货运输联系强度以及线路空间上的最优原则,布设各个交通吸引和发生源的交通运输线路及枢纽设施。区域交通运输网络的整体框架,是城市对外交通规划的前提和基础。历史表明,区域交通运输方式的变革对城市的发展产生巨大的影响。不同时期、不同阶段的区域交通运输方式,随着科技进步、社会发展而不同。

2. 地理位置、地形地质等自然因素

城市对外交通规划在很大程度上受到城市地理位置、地形、地质条件、环境等自然因素的影响。城市地理位置,决定了城市对外交通在区域网络中的重要度及对外交通方式的可选性。如沿海沿江城市,天然就具有海运、河运的港口优势;山区修建铁路、公路的难度较平原地区大;易发生冻土、泥石流、山体滑坡等地质不稳定地区的交通线路易受到制约。航空机场选址对地质、地理位置、气候等自然条件均有较高的要求。交通易产生噪声、污染气体等危害,而一些城市具有重要的自然生态保护区,因此规划中应尽量避开穿越和破坏自然保护区。

3. 城市总体规划及决策者因素

城市综合交通规划作为城市总体规划中的重要内容,需展开详细深入的研究,将城市对外交通用地的要求纳入城市总体规划中。城市对外交通的整体要求与城市规模、城市性质有关,其布局与城市土地总体规划、人口与经济产业的分布密切相关。决策者对城市发展的诉求,也影响着城市对外交通的总体要求。对外交通与城市土地使用有着较强的互动反馈效应,因此对外交通也是决策者扩大城市框架、促进城市发展的举措之一。

4. 城市内部道路网络

城市对外交通承担着区域交通和城市内部交通间的衔接。区域性交通通道、对外交通枢纽均需与城市内部道路网紧密衔接、相互协调。重大对外交通枢纽的交通集疏运道路,应注重与城市内一般集散道路的功能区分。区域性交通通道,原则上应避开与城市内部生活性道路的直接连接,而应形成搭配合理、功能明确的城市内外道路衔接体系。

对外交通规划是一个多因素相互关联的结合体,与区域运输网络、地理位置、自然环境、城市总体规划、城市内部道路网等密切联系。同时,城市对外交通规划也是一个动态变化的过程,在规划中不仅要注重解决现状中的问题,还要综合考虑发展中可能遇到的问题。

(二)城市对外交通规划目标

城市对外交通系统规划是城市总体规划的重要组成部分,包括城市规划区内的铁路、公路、港口(海港或河港)、机场等相关系统规划。城市对外交通系统规划应以城市总体规划和区域交通上位规划为原则,根据城市的社会、经济发展情况,把握城市对外交通的发展趋势,预判城市未来对外交通面临的问题,合理确定其在城市中的功能定位和规划布局,以满足交通运输和城市发展的需要。

具体目标包括四个方面的内容。首先是在对外交通设施之间,为其联运要求创造条件;其次,对外交通的客运部分应靠近市区,联系便捷;再次,对外交通场站与市内交通干线系统密切联系;最后,对外交通运输设施的布置与城市功能布局密切配合,减少对城市的干扰。

五、城市对外交通规划原则

城市对外交通规划过程中应明确城市对外交通的发展方向，采取有效的规划措施，落实城市总体规划的战略并引导城市发展目标的实现，具体操作过程中要遵循以下基本原则。

(1)城市对外交通系统规划应与城市社会经济发展战略目标相一致。加强区域统筹，促进社会、经济、建设和管理的全面、协调、可持续发展，应根据地区国民经济与社会发展规划统筹考虑，相互依托，协调发展。

(2)城市对外交通规划系统应以城市总体布局为前提，追求城市发展的整体效益，应加强与城市功能、布局结构相互衔接，协调发展，满足城市规划布局、土地使用对交通运输的发展需求。

(3)通体系相协调。满足城市对外交通与城市交通之间的联系和衔接，保证城市内外交通的连续、协调和共同发展，增强城市交通枢纽的集聚和疏散功能，提高交通运输系统的效能。

(4)城市对外交通设施的布局和建设，应贯彻资源节约的原则，节约用地、集约用地和资源共享。

(5)对外交通应注意反映城市富有地方特色的面貌，并考虑相关国际要求。

六、城市对外出入口道路规划

城市对外出入口道路规划着重研究城市内部路网与区域过境路网的相互衔接问题。在交诵组织层面，应注重引导对外出入口道路的分散化、均衡化分布。

(一) 城市对外出入口道路的功能衔接

城市出入口道路规划是城市对外交通规划的重要内容。在功能上，出入口道路承担着过境公路与城市内部路网间的衔接任务。过境公路通常按通道的类型可分为快速过境道路和一般过境道路,城市道路按交通性质可分为交通性和生活性两大类。过境公路与城市路网的衔接应主要从功能上去考虑,分析交通性和快速性、可达性与生活性两类不同的需求及交通特征。配置两类主要的衔接道路类型,即快速连接线和一般连接线。

(二)城市对外出入口道路的级配衔接

区域过境道路与城市道路的衔接目标应保证城市对外交通的畅达,避免出入城交通常发性的拥挤现象发生。除了从功能层次上分析道路的衔接外,还需分析道路设施级配的衔接要求。不同等级道路的交通运行特性各有差异,快速道路交通特性上表现为连续流,一船道路上表现为间断流,道路级配关系是影响整个城市交通状况的重要方面。城市对外出入口道路中与区域性道路直接相连的应以城市快速路和城市主干道为主。

城市快速路是对外交通的骨架层通道设施,承担对外交通、跨区交通的快速连接功能。城市快速路通常采用高架、隧道等封闭式的形式,严格控制出入口,达到快速、连续的交通流。主要衔接对象上,快速路一般直接衔接城区与重要机场、高速公路出入口、港口等重要设施。城市内部道路衔接上,快速路一般与主干路、次干路等交通性较强的道路直接连接。

城市主干道是城市道路中的主要路网,线路密度较城市快速路高、覆盖面较广。主干道延伸至城市边缘时与一般性过境道路相衔接。城市主干道也可与高速公路出入口直接衔接。在中心城区内主干道一般与次干道、支路相衔接,缓冲和集散出入城的交通。

城市次干道与对外道路衔接的情况较少,不建议与高等级的对外道路相衔接。

(三)出入口道路横断面的要求

出入口衔接道路由城市快速路和主干路承担,其横断面可参考《城市道路工程设计规范》来确定。

近城端：由于道路两侧的土地利用和交通流结构和城市建成区相似，道路横断面和红线宽度可以参照《城市道路工程设计规范（CJJ 37—2012）》进行设计。

远城端：由于道路基本上全部都为机动车车道，较少考虑非机动车和行人的出行需求。作为远期建成区规划区域内的道路，应通过严格控制红线两侧的用地或者采取建筑物退让的方式进行用地开发，退让距离视具体情况而定。道路横断面型式上，公路性质的道路一般为双幅路，不设置人行道和非机动车道。由于在城市远郊区道路规划设计上国家并未出台相应的规范和文件，对于这种类型的道路应该根据实际情况，因地制宜，不可照搬城市道路或公路的设计标准。

城市道路的横断面通常用幅式表示，城市道路的横断面形式主要有单幅式、双幅式、三幅式和四幅式四种。建议城市出入口道路横断面形式如表 2-6 所示。

表 2-6 三种道路的横断面形式

道路横断面形式	城市出入口道路	公路横断面形式
一幅式	一幅式	一幅式
	一幅式过渡到二幅式	二幅式
二幅式	二幅式或三幅式过渡到一幅式	一幅式
	二幅式或三幅式过渡到二幅式	二幅式
三幅式	三幅式过渡到一幅式	一幅式
	三幅式过渡到二幅式	二幅式
四幅式	四幅式或三幅式过渡到一幅式	一幅式
	四幅式或三幅式过渡到二幅式	二幅式

第五节 城市慢行交通规划

所谓慢行交通，就是把步行、自行车、公交车等慢速出行方式作为城市交通的主体，有效解决快慢交通冲突、慢行主体行路难等问题，引导居民采用“步行+公交”“自行车+公交”的出行方式。

为满足居民对出行路权、安全、可达和环境等需要和诉求，建设更加人性化、精细化的城市步行与自行车交通系统，本章致力于构建城市步行与自行车交通规划框架，在步行与自行车交通调查分析与需求预测的基础上，从“空间—网络—设施—环境”展开不同层面的步行与自行车交通规划内容。

步行与自行车交通规划是城市交通规划的重要组成部分，但从综合交通体系规划到各交通专项规划，以及地区交通改善规划均不属于法定规划，没有强制性的内容使得交通规划难于落实。城市总体规划、控制性及修建性详细规划都属于具备法律效力的法定规划。要有效改善和避免交通规划难于落实的情况，应将步行与自行车交通系统规划的理念、方案和控制内容纳入相应的法定规划中，从根本上改变城市交通发展模式，最终实现“公交优先、步行与自行车友好”的绿色出行结构。

一、城市慢行交通规划内容

（一）步行和自行车交通空间规划

首先结合具体城市的规模和特征，明确步行与自行车交通在城市综合交通体系中的地位和作用。

借助总体规划阶段综合交通体系规划中较为翔实的交通需求预测模型以及对土地利用空间布局的较好掌握，应在总体规划阶段对步行与自行车交通的空间组织形式进行梳理，同时为了体现不同区域间的差异化发展策略和规划设计要求,需要明确步行与自行车交通分区,为下位规划打下基础。

（二）步行和自行车交通同络规划

现有规划体系中,大都以“车本位”为指导理念根据机动车交通的通行条件作为主要判定标准来制定红线宽度,使得步行与自行车交通的规划完全依附于机动车道路体系之上,而与实际的步行与自行车需求完全脱离。一些城市快速路的步行与自行车空间十分宽阔,但实际使用效率却不尽如人意,而次、支道路的步行与自行车空间狭窄,与其承担的繁复的生活性功能不相匹配,步行与自行车体验极差。因此,应在综合交通体系规划中,以实际步行与自行车需求为根基,建立独立于机动车道路分级系统的步行与自行车道路系统,明确步行与自行车道功能分类、网络结构和布局。

（三）步行和自行车交通设施规划

步行与自行车交通设施规划是针对步行与自行车交通的道路横断面、过街设施、停车设施、换乘设施等各类节点设施的新建、改建计划,例如在城市中心区、商业步行街区、滨河地区等城市的重要地段,通过步行与自行车过街设施、步行与自行车通道等步行与自行车交通设施规划和设计来塑造高品质的步行与自行车空间。将控制性详细规划及法定图则和社区步行与自行车交通系统及设施设计规划相结合,借助控制性详细规划的法定效力,强制性落实步行与自行车交通设施建设,为步行与自行车交通设施的建设需求提供法律支撑。控制性详细规划法定图则中,涉及步行与自行车交通相关的内容主要包括道路系统的确定、红线断面、地块出入组织、交通开口、停车设施布局要求及城市设计指引方面的公共空间与设施环境要求。

（四）步行和自行车交通环境设计

良好的步行与自行车出行环境是在规划设计层面提高步行与自行车出行品质的重要抓手。步行与自行车环境设计要素包括路面铺装、无障碍设施、标志系统和照明设施等基础设施，为步行者提供公共服务的服务设施，以及环境小品、绿化景观、沿街建筑等营造氛围的景观要素。步行与自行车交通的环境设计主要针对上述环境要素制定设计指引，例如地面铺装、指引标识形式；空间高宽比、沿线建筑的围合密度、沿线建筑底层使用方式；路灯、休息座椅、零售亭、景观小品、绿化等设施布置间距和相应形式的控制要素。同时采用交通稳静化措施改善步行与自行车出行环境，保障居民出行安全，在人车共享交通设施资源的基本前提下对道路结构进行改进，形成更注重慢行、游憩、景观等功能的街道结构。

步行与自行车出行环境设计的内容应纳入修建性详细规划中的建筑布局、空间形态、场地设计、环境景观等方面以提升步行与自行车出行空间品质和出行者的感观体验。

二、城市慢行交通调查内容

步行与自行车交通调查的对象涵盖出行空间使用状况，以及与之有关的内容，其调查内容主要包括：基础规划资料、出行调查资料和设施相关资料。

（一）基础规划资料

1. 城市基础资料

经济社会状况。反映城市居民收入、各行业产值等，直接决定中心区产业布局与经济承受水平，间接影响步行及自行车方式选择、步行空间品质等，主要包括：人口总量、分布、构成以及增长状况等；国民经济指标（国民收入、各行业产值、投资状况）；产业结构及布局；运输量及各种运输方式的比重；交通工具拥有量及构成。社会经济现状数据可以在政府相关部门获取。

自然地理情况。包括地理位置、地质、地形地貌、气候气象、地面水环境、地下水环境、土壤和水土流失、动植物与生态等。

人文情况。主要包括名胜古迹保存状况、人文习俗与地区传统建筑特色等，这些内容直接影响居民生活方式与美观价值、城市形象与历史承载，间接影响步行需求、步行空间选择等。

2. 城市规划基础资料

步行与自行车交通系统规划、建设与管理属于城市规划中的一个环节，因此必须在已批准的相关规划的基础上进行步行与自行车交通系统规划设计。已完成综合交通规划的城市，可收集综合交通规划成果以及基础资料汇编，并根据基础年限要求进行补充。

城市总体规划确定了城市用地布局结构，直接影响其道路交通布局与功能分区，间接影响居民出行目的、距离与方式选择。

控制性详细规划控制土地利用性质及布局、容积率、建筑高度、建筑密度、绿化率、各个交通分区就业岗位数、就学岗位数等方面，同时影响交通设施数量规模，间接影响居民步行与自行车交通需求。

3. 综合交通基础资料

道路设施现状。包括城市道路长度、道路网形态、等级结构、密度、道路交叉口、停车场等。

公共交通现状。包括公交公司运营管理发展状况调查、公交线网发展现状调查、公交基础设施现状调查三个方面。公交公司运营管理发展状况包括公交公司运营主体、公交线路的经营模式、公交运营时间、票价等；公交线网发展现状包括公交线网长度、站点个数及分布、公交线网现状布局等；公交基础设施现状调查包括场站设施（公交首末站、中途站点、停车场、保养场、维修厂等）和公交车辆发展状况。

客运枢纽现状。客运枢纽数量、布局、规模、功能、运量、班线班次、管理体制等。

（二）慢行交通设施相关内容

步行与自行车系统的设施配置与环境质量关系到步行与自行车交通空间的品质，有助于提高步行与自行车交通空间的吸引力，在为居民提供舒适步行环境的同时，潜移默化中可以促进居民驻足、交流、观演、游憩等行为活动的发生。

三、慢行交通网络规划

（一）步行交通网络规划

1. 步行出行强度影响因素

步行交通网络规划需要基于人的尺度，如果将步行活动发生最频繁的道路作为步行交通网络中最为重要的道路，那么道路的重要程度与道路等级并不存在必然的联系，很可能较低等级的道路步行活动发生的频率会高于较高等级的道路。鉴于此，城市步行交通规划中通常会在步行政策分区以及步行单元的基础上展开，以便在当前的步行交通规划和下位专项规划中提出全面细致的步行网络规划方案。

从满足步行交通需求的角度出发，步行活动强度应该是决定步行道等级最根本的要素。影响步行活动强度的因素多种多样，其中，在步行网络组织时应重点考虑与城市形态相关的要素，来辅助构建分级体系。与城市形态及步行网络相关的主要因素如下。

（1）临街土地利用

作为影响步行活动强度最重要的因素。临街的商业用地会产生大量的步行交通和商业活动，相比居住用地，步行活动强度往往较高，而居住用地步行活动强度又高于工业用地。另外，建筑密度与容积率高、地块尺度小、街道稠密的区域往往步行活动强度更高。

（2）建筑设计要素

可能影响步行活动强度的建筑设计要素包括建筑高度、体量、尺度与临街道路关系、入口朝向、退线、底层使用等。

2. 步行道路功能分类

由于步行出行的特性与机动出行特性的不同，使得机动道路的功能分类不能很好的适应步行道路的网络功能。对步行道路功能分类的识别能够帮助满足步行网络多样性的维持和功能结构的完整性。

（1）步行廊道

步行廊道是区域内道路中步行需求较大、连通度与可达性较高的道路，构成了城市步行交通网络的主要骨架。所属道路机动等级较高，机动车流量较大且路幅宽度宽。

（2）步行集散道

步行集散道周边道路网络密度高，公交站点与轨道交通站点可达性较好，处于路网拓扑结构中承上启下的位置，主要承担单元内轨道站点 / 公交枢纽间的短途出行及接驳交通，以及向主廊道集散的步行需求。串联区域内高强度的慢行核如轨道站点、公园广场等，两侧建筑出人口较多，行人与建筑有一定的联系。街道界面应较为友好。

（3）居住步行道

居住步行道的服务对象多为周边居民、通勤者或购物者，此类人群多以步行交通方式为主要出行方式，人流量较高且街道上步行活动与公共活动发生频繁。一般位于用地密集区域，周边用地以居住和商业办公为主，路幅宽度较窄。

（4）商业步行道

商业步行道周边呈商办为主的混合开发类型，土地利用混合度高,出行吸引强度大。多处于步行廊道围合中,机动交叉口密度较大,需要考虑机动出行对步行的影响,应避免依托于红线宽度较宽的干路设置廊道,优先选择次干路或支路为商业出行人流服务。

(5)步行巷道

步行巷道处于拓扑结构中的末端,与整体步行交通网络连通度不高。周边步行网络密度稀疏,地区步行出行比例较低且需求较少,人行流量较低,街道界面缺乏活力,主要为地区步行出行提供基本的服务保障。在设置时应着重考略步行交通与机动交通在路段及交叉口的冲突问题,优化时空资源,保障行人安全。

(6)步行休闲道

步行休闲道主要沿河流或绿道布局.连通重要慢行核与绿地、河岸。一般远离快速路和主干路。也可用于在外围区加密休闲道并提高建设标准,将其构建为带状公共空间。

3.步行交通网络结构

步行交通网络功能结构的等级递进关系明显要弱于效率为主的机动交通网络。以步行廊道为例,步行廊道在步行交通网络中承担了整体的疏通功能,但步行交通出行的大多数目的不是为了直接、快速地到达目的地,步行廊道也不需要像机动交通网络中快速路那样实施较高等级的设施配置原则。居住步行道和商业步行道分属于不同的网络功能,在城市系统和交通系统中起到的作用都有着一定的差别,在空间环境构建和设施配置要求上都有着明显的差异,因此在步行交通网络组织时也应将两者剥离对待。

(二)自行车交通网络规划

1.自行车交通网络规划原则

自行车交通结合了机动性和可达性,与其他交通方式都有所区别。因此在自行车交通网络规划时应注意以下几点原则。

(1)与其他交通方式相协调

自行车的空间资源与机动车、行人之间存在较大的冲突,需要通过合理的空间资源分配,强化机动车路边停车管理等规划管理措施,保障自行车的合理通行权,同时限制自行车违章行驶和停放,减少自行车对其他交通方式的干扰。

(2)与自行车停车换乘设施相衔接

自行车道与自行车停车换乘设施的良好衔接能够提高停车和换乘设施的效率,同时能够最大程度避免违章停车现象的存在,减少管理成本。

(3)与自行车交通流量相协调

自行车道路布局应结合自行车交通流量进行布局,与自行车主流向保持基本一致,减少不必要的绕行,形成网络,并具备较高的连通性,并且机动车道的技术标准要能满足自行车通行的较高服务水平。

(4)充分依托机动车道路,改善自行车道

利用现有的道路设施条件,通过断面改造、添加隔离、宣传教育等方式,对自行车出行进行合理的引导和管理,改善自行车通行条件。

2. 自行车道路功能分级

自行车道路分级的主要目的是明确不同道路的自行车功能和作用,体现自行车道路级别与传统城市道路级别之间的差异性和关联性,并提出差异化的规划设计要求。

(1)自行车廊道

自行车廊道作为自行车交通网络的骨架道路,依托城市干路建设,作为慢行区之间自行车交通主廊道,贯穿城市主要的居住区、就业区,以满足城市相邻功能组团间或组团内部较长距离的通勤通学联络功能。廊道具有自行车交通快速、干扰小、通行能力大的特点,作为自行车道路网络的骨干通道,其设置应具有连续性和贯通性,为自行车提供相对舒适、安全的通行空间。处理好自行车与机动车之间的冲突，廊道路段应结合人行横道设置自行车过街空间，交叉口设计时应考虑自行车的优先通行。

（2）自行车集散道

自行车集散道主要是服务分区内部短距离出行，经过分区内部主要客流聚集点，承担分区内部主要客流。作为慢行区内连通各廊道的次级自行车道，具有分流和汇集廊道上的自行车交通流的作用。其线路贯通性、车道宽度、隔离设施等建设标准均低于廊道。

（3）自行车连通道

自行车连通道是联系住宅、居住区街道与干线网的通道，是自行车路网系统中最基本的组成部分，对增强自行车的“达”的作用明显。以城市支路网和街巷道路为基础，要求路网密度较大，深入片区内部。

（4）自行车休闲道

自行车休闲网络主要服务于较长距离的休闲健身出行，主要功能包括：满足快捷方便、连续安全的到达大体量的休闲旅游资源的需求，同时还需要承担部分非休闲性质的交通。自行车休闲道要求提高此类自行车道的遮蔽率，建设成为林荫大道。

（5）自行车巷道

一些老城区和历史城区的支路网和街巷路网密度较大，支路系统主要由支路和弄堂组成，自行车微循环路网是通过构建自行车专用道网络，充分挖掘小街小巷的自行车交通潜力，一方面使自行车交通形成一个独立的子系统，实现机非运行系统的空间分离，减少不同交通因子之间的相互干扰；另一方面是使自行车流量在路网中均衡分布，以减轻主、次干路上自行车交通的压力和满足日益增长的自行车交通发展需求。

根据自行车道在道路中所占的比例，各级道路的自行车优先权依次为：自行车休闲道 > 自行车连通道 > 自行车集散道 > 自行车廊道，道路等级和路权要求如表 2-7 所示。

表 2–7　自行车道路等级与需求特征表

自行车道路等级	功能定位	需求分析	自行车路权	道路类型	单向通行能力（辆 /h）
自行车廊道	区域性自行车区之间，高标准建设的自行车专用道，自行车区与轨道交通换乘枢纽的连接通道	自行车主流向交通出行	相对优先	自行车专用道	3600~7200
自行车集散道	相邻自行车区之间或自行车区内的自行车集散道路，自行车区内与常规公交换乘枢纽的连接通道	自行车的中、短距离的出行	保证通行	自行车专用道、划线分隔的自行车道	2000~3000
自行车连通道	区内生活性出行的自行车道路	区内短距离、生活性交通	通达即可	划线分隔的自行车道、机非混行道	1000~2000
自行车休闲道	倡导自行车健身文化、亲近自然	休闲、运动性交通	机非分离	沿河道、风景区、公园景点和大型绿地附近等有宽度富裕的道路	1500~2250

第三章 城市交通与土地的协同规划

随着区域化、城市化和机动化的发展,协调交通与土地利用逐渐成为我国大城市交通规划的首要工作。重点包括从宏观、中观、微观三个层次协调重大枢纽、轨道等战略性交通基建与城市空间布局的关系,协同安排各类交通设施建设与用地开发的时序,并相应优化调整资源配置、规划建设、运营管理等政策和制度。将高铁站、城际轨道站、轨道换乘站等大型综合交通枢纽引入城市核心区,一方面巩固城市中心体系,另一方面确定城市综合交通网络的基本格局。从整体布局上协同交通与城市发展,是当前大城市交通规划工作的重中之重。

第一节 交通与城市空间布局

一、交通网络与城市空间形态

现代城市的发展与交通运输网络密切相关,其对城市的布局形态有着直接的影响。不同类型城市空间布局的运输系统与城市空间扩张形态耦合的基本模式。

(一)团状城市

团状结构的城市通常位于平原地区,城市中心起源于具有优越交通条件的地区,并因此在整个城市中起支柱的作用。团状结构的城市规模一般较大,往往具有一个强大的市中心,围绕着市中心区范围内，分散分布着城市的边缘集团（组团），离 CBD 更远的地方是城市的卫星城镇。

团状城市与城市空间形态相适应的交通运输网络可分为两种类型（图 3-1）：一是放射 + 环形结构的城市交通运输网络系统；二是混合形结构的城市交通运输网络系统[①]。

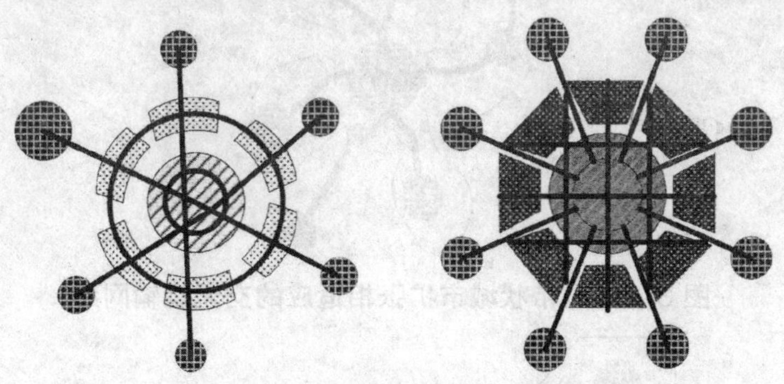

图 3-1　与团状城市空间扩张相适应的交通运输网络

（二）带状城市

带状结构的城市通常有一个强大的市中心。而在市郊，轴向结构的城市主要沿交通发展轴发展，带状城市一般沿轴线高密度开发，通过放射网状结构的运输系统支持城市轴向发展结构，引导城市在市中心高密度开发，在市郊高密度的面状开发，形成一种形如掌状的轴向结构的城市（图 3-2）。

（三）分散组团城市

组团式结构城市的形成基本上是由于自然因素造成的，如江河、山川的阻隔，这些城市通常位于当时的交通干道上，如河流的交叉点上等，因此这些城市的老城区通常位于河流的交汇处，但随着城市规模的扩大，原来老城区已无法满足进一步发展的需

① 放射 + 环形结构的城市交通运输网络是由在市中心区两两相交，为中心团块和边缘团块及卫星城镇间提供便捷的放射网状线和内外环线组成。混合型结构的交通运输网络布局可以是棋盘式，也可以棋盘 + 环线结构等，但必须是开放式的，从而提供延伸到边缘集团或城市副中心的交通条件，加快边缘集团或城市副中心的开发。

要，城市就跨过江河与山川形成其他组团，从而形成了组团式结构的城市（图 3-3），如广州、重庆、武汉、宁波等。

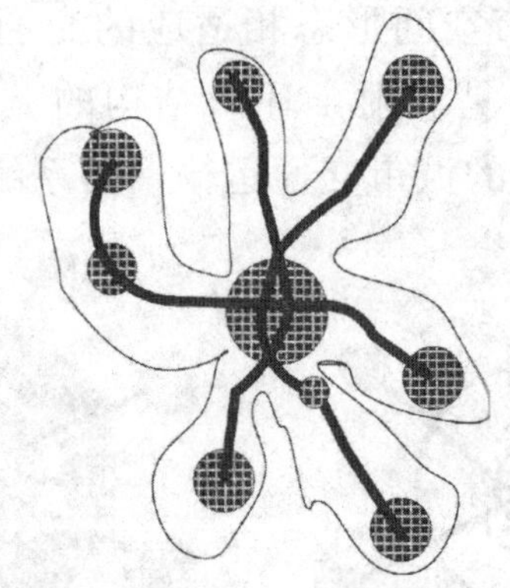

图 3-2　与带状城市扩张相适应的交通运输网络

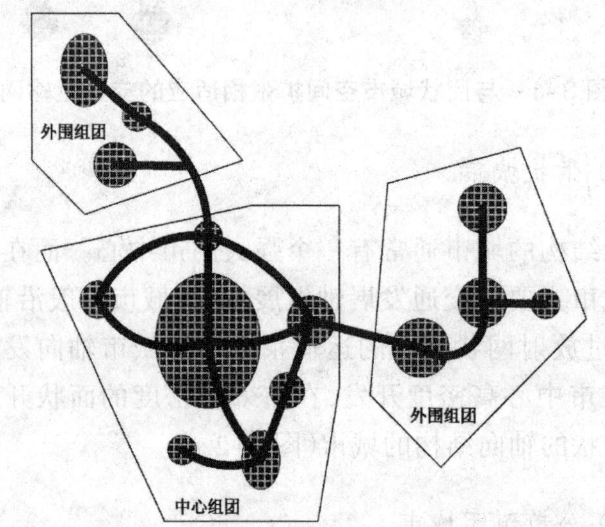

图 3-3　与分散组团城市扩张相适应的交通运输网络

二、历史城区道路交通空间的布局原则

城市道路多样化的功能决定了历史城区道路交通空间建设和利用必须从六大功能出发，遵循以下基本原则：（1）道路空间建设以豆映历史城区空间格局为前提，尽量维持原有的空间肌理和尺度，通过道路交通空间的建设增强空间结构的层次感；（2）

尽量满足历史城区交通流系统特征，按照过境交通、出入交通和内部交通三个层次以及机动车交通、公共交通、非机动车交通和步行交通四种方式来组织交通流的连续、独立运行空间，提高道路空间的利用效率和交通运行组织效率；（3）道路交通空间设计应考虑与历史风貌特色相一致，增强其时代感和彰显度；（4）道路空间建设要为历史城区的市政设施改造更新提供铺设的空间，这是历史城区更新的重要内容之一；（5）必须考虑防灾减灾通道布设的要求，构建连续的防灾减灾应急网络。

三、交通与城市空间布局的宏观协调

宏观层面，协调重大交通枢纽、轨道等大运量交通方式与城市发展布局的关系，制定差别化分区发展策略，强化交通设施引导城市发展作用。

（一）结合城市中心体系布设重大战略性交通枢纽

1. 协调重大交通枢纽布局与城市中心体系的关系

经验表明，枢纽对城市发展，尤其是对中心体系的构建具有难以比拟的带动作用。重大交通枢纽依托其独特而丰富的交通资源，不断积聚周边资源要素，使得枢纽地区发展成为城市中心的优势十分突出。因此，综合交通枢纽规划不仅仅需要关注枢纽本身功能组织和设施规划，还必须重视枢纽与城市相互促进的共生关系，充分协调枢纽核心区与周边地区的功能关系、用地布局、地上地下、开发时序和交通系统组织，从城市和综合交通整体布局上推动交通与城市协同发展。

2. 利用重大交通枢纽巩固综合交通网络

综合交通枢纽体系布局确定后，各类交通网络的基本格局也随之确定。作为客运转换中心，重大综合客运交通枢纽往往集中了多种交通方式，是对外交通、城市轨道交通、道路交通以及步行和自行车等各类交通网络的主要客流集散点，对各类交通网络自身的规划布局起到至关重要的影响作用。因此，一方面在重大综合交通枢纽选址工作中，充分考虑其对各类交通设施网络的影响，加强不同交通网络的衔接与协调，另一方面在轨道、道路、公交以及步行和自行车系统专项规划中，将综合交通枢纽作为关键节点，在空间布局以及建设时序中给予高度重视，最大化发挥综合交通枢纽功能，带动各类交通系统协调发展。

（二）协调轨道等大运量交通网络与城市空间布局

深入研究轨道交通对城市布局、城市结构、次中心形成的作用，协调好轨道交通网络与城市空间结构布局，是实现城市总体发展目标和空间发展战略的重要举措。在进行轨道交通网络及区域铁路布局等宏观规划时，以不同等级轨道交通线路支撑相应等级发展轴带，支持城市乃至区域空间发展策略的实施。

以深圳市为例，广深港高铁、厦深铁路等国铁联系区域主副中心城市，强化区域带动及辐射功能[①]；广深、莞深、惠深等城际轨道联系区域内地方性主副中心城镇，支撑城镇产业发展带的发展；城市轨道交通网络以罗湖福田、南山前海中心区为核心进行布局，用干线覆盖东中西三条城市发展轴以连接城市主次中心，用快线加强外围组团与各级中心的联系以改善交通出行条件。轨道交通网络尽量覆盖城市重点发展地区和重点改善地区。在编制轨道沿线土地发展规划时，明确提出轨道交通与沿线土地协调发展要点。通过上述协调策略，形成以中心区为核心，沿主要发展轴布设，能方便实现城市主次中心联系、内外交通衔接高效便捷的轨道交通网络，维持一个强大的、有吸引力的城市中心区。同时，推动土地利用开发沿轨道和枢纽周边布局，节省大量基础设施用地和投资，提高土地利用效率，并有利于城市组团间隔离

① 宗传苓，谭国威，张晓春．基于城市发展战略的深圳高铁枢纽规划研究——以深圳北站和福田站为例 [J]．规划师，2011，27(10).

绿带的保护，维持一个良好的城市生态环境。

（三）制定交通引导城市发展的宏观分区策略

围绕城市轨道交通划分交通与土地协调发展分区，并制定宏观分区发展指引。通过对城市空间结构、骨干交通网络结构、交通需求走廊分布、发展效益区划和优先发展区域等重大相关因素的解读，明确分区发展方向和发展策略，以此作为城市分区规划和交通规划的参考和支持①。

以深圳市为例，为推进土地与交通协调发展的实施策略，将全市划分为 8 个宏观分区，深圳市 TOD 宏观分区发展指引如图 3-4 所示。西部分区中光明新区定位为深圳市城市副中心，是深
4 圳市建设“绿色城市”的典型示范区。但光明新区尚处于相对独立的起步发展阶段，对外交通可达性不高从而制约了新区的发展。基于此，提出针对性分区 TOD 发展策略：加快地铁 6 号线等轨道交通建设，提高与中心城区及区域重要交通枢纽的交通可达性，推进轨道沿线片区的TOD开发，引导分区内部交通出行平衡，结合轨道交通，扩展公交优先网络，建立以公交为主导的“绿色交通”体系②。

为保障实现宏观层面的交通与土地利用协调，必须调整现有城市规划体系的相关环节，以分区发展策略为指导，形成以法定图则为核心控制文件的控制引导机制。总体规划具有较强的战略性，将全市交通与城市协同发展目标、策略一同纳入城市用地部分，并与城市更新改造、密度分区、地下空间利用等内容进行协调和互补③。

---

① 深圳市城市交通规划设计研究中心．（深圳市）土地利用与交通协调（TOD）研究[R]. 深圳：深圳市城市交通规划设计研究中心，2009.

② 张晓春，田锋，吕国林，等．深圳市 TOD 框架体系及规划策略 [J]．城市交通，2011（03）.

③ 邵源，田锋，吕国林，等．深圳市TOD规划管理与实践[J]．城市交通，2011，9(2).

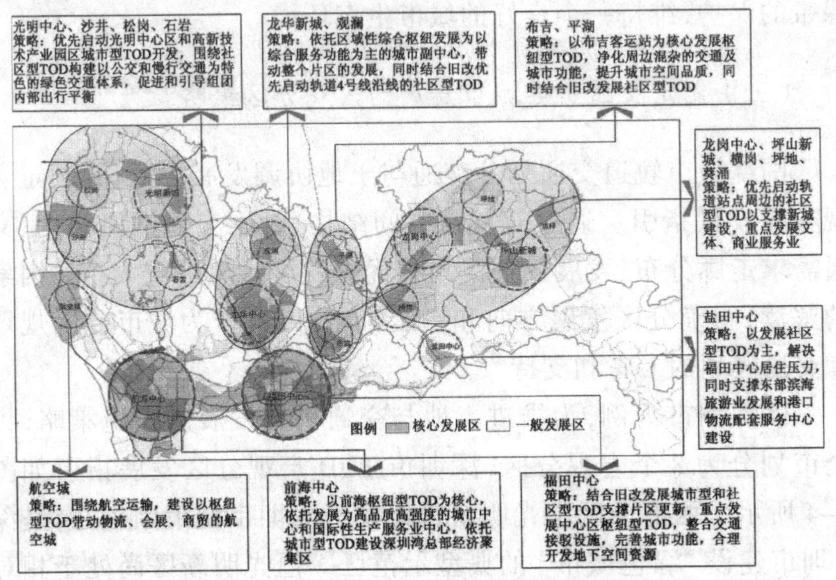

图 3-4 深圳市 TOD 宏观分区发展指引图

第二节　片区综合交通发展与用地规划

一、土地与交通系统的影响关系

（一）土地利用对交通系统的影响

土地利用对交通系统的影响因素可以分为以下五个方面：居住密度、就业密度、邻域设计、区位选择及城市尺寸。其对交通系统的影响包括出行距离、出行频率及出行方式等），如图 3-5 所示。

（二）交通系统对土地利用的影响

交通系统对土地利用的影响因素主要是可达性。其对土地利用的影响包括城市形态、土地密度及区位选择三个方面，如图

3-6 所示。

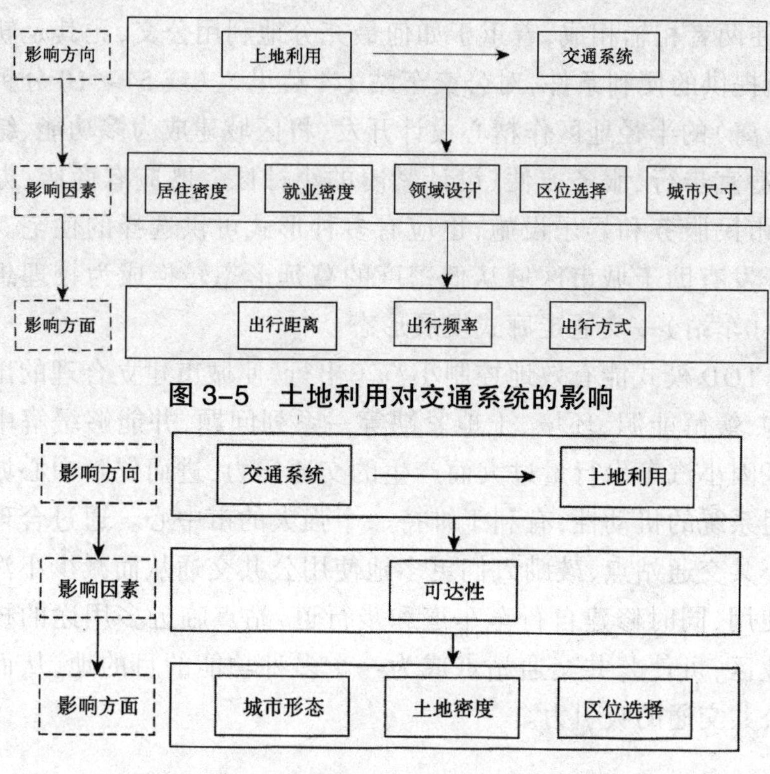

图 3-5　土地利用对交通系统的影响

图 3-6　交通系统对土地利用的影响

二、交通站点与土地利用的协调发展

城市土地利用与交通之间的紧密联系决定了城市土地利用应与交通同步进行，通过将交通与土地利用规划的结合，可以实现交通与土地利用发展的双赢。交通与土地利用协调发展主要分为两种类型：一是交通供给引导土地利用；二是交通需求与土地利用一体化。

（一）交通供给引导土地利用

通过交通供给主动引导土地开发利用的土地开发模式是指导向的发展（transit oriented development，TOD）模式等。

TOD模式强调在区域层面下整合公共交通和土地利用的关系，使两者相辅相成，着重于如何最充分地利用公交，尤其是轨道交通提供的便利条件，对公交车站1/4英里[①]（或5～10分钟步行距离）的半径地区作精心设计开发，将区域建成为多功能、综合性、适宜步行、服务方便、设计紧凑的小社区。既应有商店、办公楼、市民服务和娱乐设施，也应有多种形式可供选择的住宅。此类开发有助于城市区域从低密度的蔓延形态转换成为较理想的节点（车站）—交通走廊式发展形态。

TOD模式能有效地控制小汽车出行，使城市建立合理的出行结构，缓解能源、环境、土地紧缺等一系列问题，并能够缓解中心城区因小汽车出行量过大而产生的交通压力，进而保障中心城区交通系统的机动性，有利于维持一个强大的市中心。通过合理设计公共交通站点，鼓励人们更多地使用公共交通从而减少小汽车的使用，同时修建自行车车道和步行道，站点临近多用途的核心商业区，可使公共交通站点成为一个多种功能的目的地，从而增强公共交通的吸引力。

（二）交通需求与土地利用一体化

交通需求管理（traffic demand management，TDM）是一种主动控制交通需求发生量，主动引导交通需求时空分布状态，主动寻找交通供需关系平衡点的交通管理理念与思路。在土地和空间资源日益紧缺的时代背景下，相比于传统以扩大道路供应追赶交通量增长的被动管理方法，TDM的“三个主动”对缓解城市交通拥堵问题具有更为现实的指导意义。

根据TDM应用的不同层次，确定在不同层次中TDM应该实现的主要目标有：（1）通过减少产生出行的活动而减少总的出行量；（2）通过改变交通方式和高效地使用机动车来减少车辆交通；（3）将交通量在时间和空间上进行分散，从而达到减缓交通

① 1英里=1.609千米。

拥挤、减少堵塞、降低环境污染的目的。根据 TDM 不同的目标，其具体策略如图 3-7 所示。

新加坡通过将战略规划与 TDM 相结合的方式实现交通需求与土地利用一体化管理。通过制定长远的发展概念规划，将土地利用模式与交通系统密切结合，利用公交系统将若干区域中心与中央商务区(central business district，CBD)联系起来，有效地减少通勤出行距离和出行频率，使两者互相协调从而合理地组织空间布局。与此同时，加强 TDM，并通过政策手段，制定相应的交通—土地利用一体化政策，大大提高城市交通系统运营效率。

在有关城市土地利用对交通需求的影响方面，国内外已有不少的研究，大多针对城市开发密度(居住密度、就业密度和整体密度)、土地混合开发、城市空间结构及用地形态、邻里设计、社会经济因素等方面与交通需求，包括出行量、出行频率及出行方式等关系的研究。城市交通需求对城市土地利用影响的研究主要集中在对城市形态演化的影响和对城市土地利用结构的影响等方面。此外，交通的产生、交通流和交通结点的分布是城市用地发展的重要因素，主要研究方向涉及轨道交通、城市干道与用地联合开发、城市交通对用地收益、用地置换的影响等。

总结国内外经验，在规划实践方面，联合开发和设计的思想与方法对高密度开发地区而言值得借鉴；在管理方面，对高密度开发地区，尤其是用地空间拓展有限，即交通供给有限的地区，研究需求产生的原因和需求管理具有一定的现实意义；在新技术应用方面，欧美已经有了较成熟的交通需求分析软件，在模型和相关软件开发方面积累了较多经验，同时，在相关影响因素实证方面，国外学者也进行了大量的研究，并总结出描述交通需求与土地利用的各类具体因子之间的作用关系、相关规划和管理思想作用下的效果等。

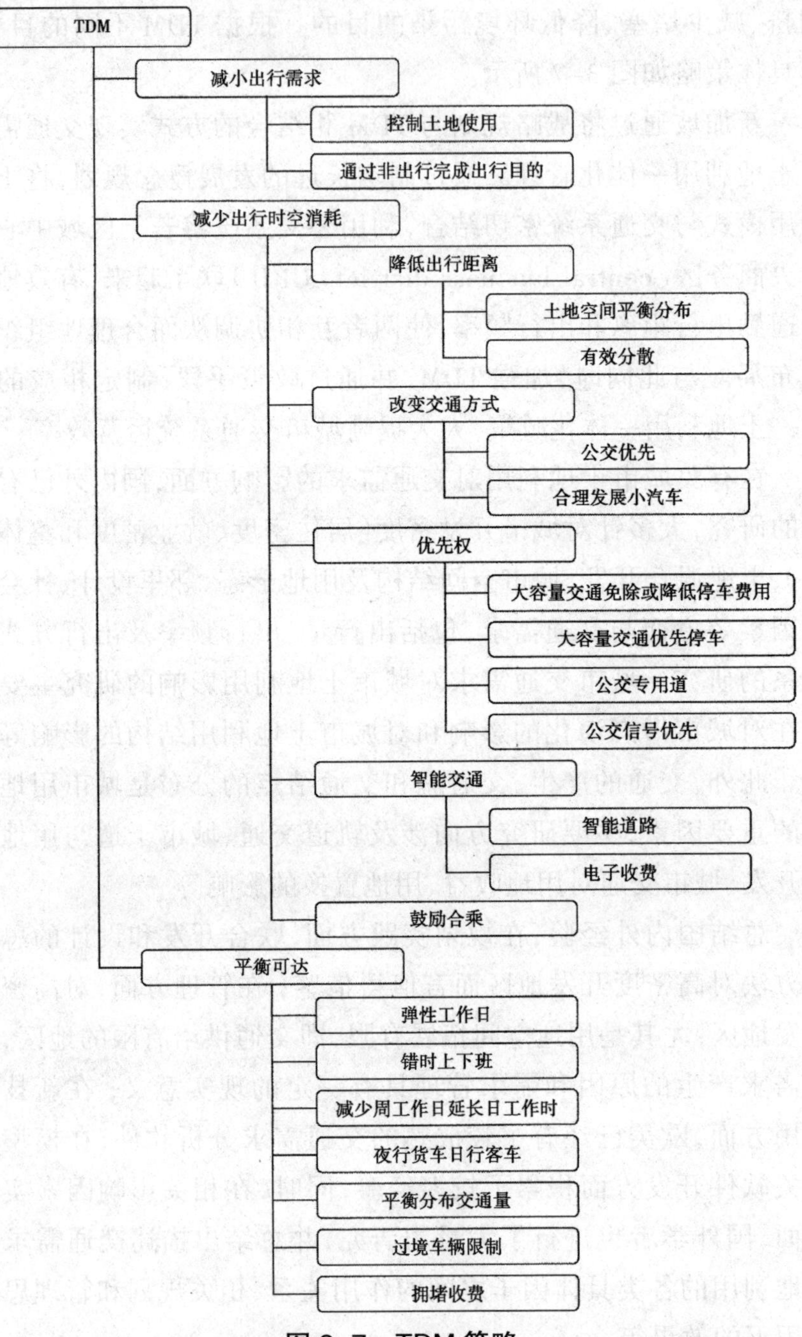

TDM
减小出行需求
控制土地使用
通过非出行完成出行目的
减少出行时空消耗
降低出行距离
土地空间平衡分布
有效分散
改变交通方式
公交优先
合理发展小汽车
优先权
大容量交通免除或降低停车费用
大容量交通优先停车
公交专用道
公交信号优先
智能交通
智能道路
电子收费
鼓励合乘
平衡可达
弹性工作日
错时上下班
减少周工作日延长日工作时
夜行货车日行客车
平衡分布交通量
过境车辆限制
拥堵收费

图 3–7　TDM 策略

（三）交通与土地利用协调发展的建议

城市土地利用是城市交通需求的根源，土地利用规划影响交通需求环境，从而对交通设施供给产生需求力，推动交通设施的改善。同时，交通的可达性是土地地租构成的重要因素，影响土地利用开发类型和强度，两者相瓦影响。交通与土地利用协调关系如图 3-8 所示。割裂两者之间的互动反馈关系，单方面探讨交通系统对土地利用的影响或者土地利用对交通的影响，是无法全面地把握两者之间的复杂相互影响关系的。因此，必须将两者结合起来进行深层次的互动反馈关系研究，全面地把握两者的相互影响关系，并在此基础上，积极开展交通与土地利用相互协调。

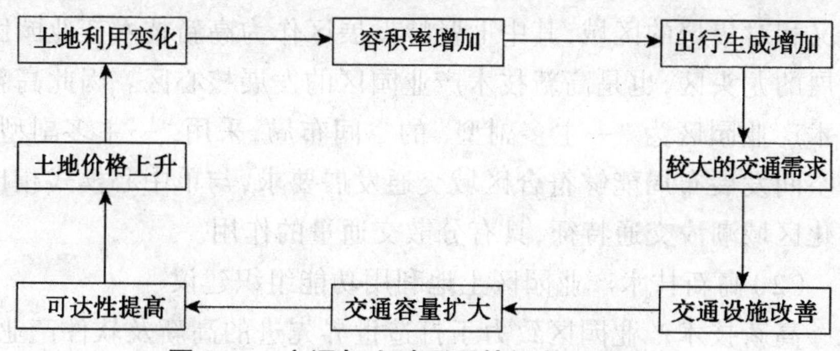

图 3-8 交通与土地利用协调关系示意图

高新技术产业园区作为国家级软件产业基地，正处在快速发展时期，开发强度不断加大，人口就业继续集聚，开发空间大规模推进，土地资源日益紧张，交通问题日益突显。就交通有序发展而言，简单的需求决定供应或者供应决定需求，都不能真正从根本上解决问题。

由不同发展区的特性分析来看，高新技术产业园区交通和土地利用需要从各种不同层次上取得密切配合与相互协调。总体层面通过 TDM 的思路，主动控制交通需求发生量，主动引导需求时空分布状态，主动寻找交通供需关系平衡点。通过减少产生出行的活动或改变交通方式和高效地使用机动车来减少车辆交通，并通过交通在时间和空间上的分散，达到减缓交通拥挤、减少堵塞、降低环境污染的目的。同时,在高新技术产业园区发展建设过程中,充分体现交通供给对土地开发的引导作用,引导不同发展区土地利用模式的实现。

1. 土地开发利用建议

(1)高新技术产业园区空间形态发展建议

高新技术产业园区用地条件有限,可建设用地零散分布,决定其空间布局必然不能成为单中心模式的发展模式。整体发展战略规划将七贤岭发展区作为高新技术产业园区综合示范产业区;将黄泥川发展区作为西部新产业园;龙王塘发展区作为综合服务区;将英歌石发展区作为产业园区。区域内各发展区承担某种或几种突出的城市功能,具备满足产业发展的条件,是分散布置又相对集聚的区域,其中七贤岭发展区作为高新技术产业园区发展的龙头区,也是高新技术产业园区的发展核心区。因此高新技术产业园区为“一主多副型”的空间布局,采用“一主多副型”的空间发展布局能够符合区域交通发展要求,与单中心模式相比弱化区域潮汐交通特征,具有分散交通量的作用。

(2)高新技术产业园区土地利用功能组织建议

高新技术产业园区致力于打造世界先进的高新及软件产业,区域将提供大量就业岗位,如采用单一产业功能的发展模式,将产生大量对外交通,高新技术产、业园区交通资源有限,无法承担如此巨大的对外交通量。高新技术产业园区只能采取复合功能开发的土地利用模式方能维持产业的可持续发展。高新技术产业园区发展的过程中,不应以单项规划的方式分别完成,然后再简单地予以“相加”,更不能在土地利用规划完成后再进行配套交通规划。

建议通过增加满足就业人员条件的居住项目,促使七贤岭发展区、黄泥川发展区均实现就业人员区域内部居住比例达到30%左右,英歌石发展区实现区域内部就业人员内部居住比例达到25%~30%,龙土塘发展区真正实现高新技术产业园区的服务功能，实现高新技术产业园区约为25%的就业人员在该发展区内居住，并提供商业、娱乐、就学等多方面综合服务，吸引并保证就业人员在高新技术产业园区内部即可满足各种生活需要。

目前高新技术产业园区开发的居住项目较多，已建成区居住项目开发可吸引就业人员内部居住，而现状产业尚未发展起来的黄泥川发展区、龙王塘发展区及英歌石发展区的住宅项目先于产业进行开发，将造成大量非高新技术产业园区的就业人员在高新技术产业园区内居住，增加高新技术产业园区交通压力。因此建议配套居住项目应结合产业开发时序，相互结合协调开发，方能达到产业配套居住的效果。

高新技术产业园区功能混合开发将促使潮汐交通流特征减弱，部分区域由单向交通为土转向双向交通，同时减少部分交通流量。

（3）高新技术产业园区土地开发密度建议

高新技术产业园区的土地资源有限，只有通过节约土地资源并合理利用，方能满足产业发展要求。

七贤岭发展区作为高新技术产业同区综合产业中心，其中心的位置将不容置疑，其与大连市中心四区之间有较好的交通衔接；龙王塘发展区作为高新技术产业园区的服务区，其距各发展区的路径距离最近，是高新技术产业园区配套设施支撑区。综合考虑两个发展区的交通优势及其在高新技术产业园区的发展地位，建议七贤岭发展区可进行中高密度开发，龙王塘发展区可进行中高密度的居住用地开发。

黄泥川发展区的开发规模已基本确定为中密度开发模式，考虑黄泥川发展区的交通条件及其与外界之间的区位联系，中密度开发模式适应区域发展要求。

英歌石发展区虽然与外界之间道路交通联系较好，但考虑其建设用地远离轨道交通，且其与高新技术产业园区其他各发展区之间路径交通距离较远，建议其采用中密度开发模式。

综上所述，高新技术产业园区为“一主多副型”空间发展布局，各发展区功能定位不同，从高新技术产业园区总体上看，高新技术产业园区为功能混合型开发区域。高新技术产业园区各发展区土地开发密度适应性不同，虽然部分区域适应高密度开发形式，但高新技术产业园区整体开发仍为折中开发模式。

2. 交通发展模式建议

（1）交通发展战略建议

高新技术产业园区通过轨道交通引导土地利用，最终形成交通与土地利用一体化的协调发展战略。考虑园区内的黄泥川发展区、龙王塘发展区、英歌石发展区为新开发区域，新区距产业发展成熟的七贤岭发展区距离较远，为加快新区产业发展，需充分发挥轻轨 8 号线及大运量公共交通的优势，引导高新技术产业园区新开发区域围绕轨道交通站点进行土地开发，鼓励发展 TOD 模式的土地利用格局，形成用地发展集群。

未来高新技术产业园区将发展成为组团式格局，鼓励高新技术产业园区土地功能混合利用，减少交通出行量、缩短出行距离。同时大力发展公共交通，通过快速、大运量公交系统及其联络线，既保证高新技术产业园区公交出行的快速便捷，又可保证各发展区的可达性，为高新技术产业园区产业发展提供有力支撑。同时，围绕大运量 BRT 站点进行集中用地开发，以保证轨道等大运量公交为更多人员服务，增加轨道等大运量交通系统的客流量。并建议结合大运量交通站点预留、建设公交枢纽，方便换乘。

（2）公交优先建议

发展大运量公共交通对高新技术产业园区这种用地紧张的区域来说是区域可持续发展的必由之路。为保证高新技术产业园区各发展区之间和高新技术产业园区对外之间的交通联系，高新技术产业园区必须在实施骨架道路设施系统的同时，将公共交通系统作为城市交通的支柱工具，大力、快速提高公共交通在城市交通方式中的竞争能力，使区域能够维持较高的公交出行比例。为实现这一发展目标，必须落实完善的公交发展策略导向。

第一，投资策略导向。

公交投资策略必须充分考虑公共交通同时存在社会公益性和企业盈利性两方面特征，才能保证公共交通的健康发展。考虑高新技术产业园区交通资源情况，政府更应重视和加大对公交设施的投入，可采用以下几种公交发展投资方式。

1）直接投资于公交车辆的购置、公交场地的征用及各种设施的建设等。

2）以城市土地开发所获得的部分经济收益投资于被开发土地的公交建设和发展，并对此土地开发的进程产生推动作用。尤其在城市新区开发阶段，更应加大对公交建设的资金投入，建立与私人交通方式有竞争力的城市公共交通系统，迎接机动化交通和园区发展的挑战。

3）广泛吸引社会资金办公交，政府对此应规定一定的投资回报率，在实际运作中将投资和经营分离，并通过建立合理机制实行对经营者行为的有效监督。

4）在设施建设方面，政府应给予公交企业一系列发展优惠政策，减轻其发展中的压力，如政府可以根据城市公交车辆发展情况制定场站用地规划。在场站用地的取得上，政府应当提供优惠的政策，保证公交经营者有必要的停车运营场地。或将土地以政府名义划拨公交经营者，但公交经营者并不拥有土地产权，而只能作为专项场站用地使用而不能随意转作他用。

5）在城市道路使用与管理方面，政府应给予公共交通优先的路权分配策略，提高公共交通的竞争力，促使公交发展。

6）在日常线路运营方面，政府必须在公交的发展中能够保证在已建成区和新开发区、新线路和老线路、公益性线路和盈利性线路的运营中进行合理的调节，使之能够享受公平的利润，促成公交的合理发展和保证投资的可持续性。

7）在维护公共交通事业的公益性方面，政府应通过资金政策性补贴，来保障区域的中低收入阶层和老、幼等弱势人群享受区域公交的公益性服务，也保障公交企业能够按照市场规律进行独立经营。

第二，规划和建设策略导向。

1）在城市规划、设计中必须将公交优先的问题列入议程，详细规划、居住区、产业区、商业中心应配套规划建设公共交通首末站、中间站设施，并规划私人交通方式与公共交通接驳的换乘枢纽。城市新区开发应首先发展公共交通。

2）公交设施的规划与建设须列入道路建设、区域改造中。道路上的公交设施，如站台、港湾停靠站等，可由高新技术产业园区道路建设与规划机构、交通管理机构、公交经营者、交通专家共同参与，制定规划和相关建设计划。

3）区域交通管理计划、措施、政策的制定中应切实贯彻公交优先的原则，并且在条件允许的情况下，对主要公交干线经过的道路和交叉口进行改造，设置公交专用道并成网，在此基础上，按照公交优先设置信号系统。

4）公交场站的规划由政府根据城市公交车辆发展和公交组织情况制定规划，保证公交经营者有必要的场地，可以政府名义划拨公交经营者作为专项场站用地使用。同时，土地功能的置换必须报规划主管部门审批。

第三，鼓励公交出行建议。

1）高新技术产业园区应针对使用私人交通工具向公共交通转化的目标，制定相应的实施规划、计划和技术经济策略，维持现状就业人员公交出行比例，并进一步降低非公交的机动化出行比例。

2）多层次、方便快捷的公共交通系统建成后，可考虑通过采取提高区域产业中心停车收费等措施，鼓励就业人员中长距离出行乘坐公共交通系统；短距离出行采取步行；颁布政策、法规使采取高消费交通行为者对环境和资源付出应付的费用，如道路拥挤费、低排放区收费等。

3）考虑高新技术产业园区交通资源情况，应该制定明确的政策和更加严格的管理办法，如部分路段限制小汽车转向、通行等办法，鼓励公交出行，限制产业中心不必要的私人交通和其他非公交车辆的出行。

4）应用运输经济学原理合理制定各种客运交通方式的票价和对道路资源使用的合理价格体系政策，通过经济杠杆鼓励就业人员选择公交出行。

5）制定鼓励居民采取公交出行的税收政策。鼓励企业对员工进行公交出行补贴。同时，政府对企业补贴给员工的公交出行费免征税，以此鼓励更多的居民选择公交出行。

第四，重视公共交通衔接的建议。

公共交通衔接主要包括：高新技术产业园区内部公交与高新技术产业园区对外公交的衔接；高新技术产业园区干线公交与支线公交的衔接；不同所属，处于竞争状态的公交系统之间的衔接；不同方式之间的衔接。

1）区域公交与长途汽车、火车站、飞机场等对外交通接驳场站进行规划和设计，以形成功能齐备的城市客运换乘系统。

2）在专项的公交规划中，对轨道交通和常规公交之间及干线、支线两种不同等级的公交线路系统之间的换乘进行规划，包括换乘点、换成票制和线路管理等问题，进行深入的交通经济分析和研究。

3）高新技术产业园区的政府应在政策中明确规定公交票制的转换和处理，保证不同公交公司的衔接。

4）在各发展区中心地带利主要的客流集散点建设高效的客运换乘枢纽，各发展区内部集散性公交线路宜根据换乘枢纽位置和发展区自身客流特征布设，以使轨道交通和公共汽车交通的优势得以充分发挥，形成以轨道交通、BRT为客运体系主骨架，以公交汽车交通为辅助的公交网络。使两种公交方式构成既能充分衔接、良好融合，又可各司其职、优势互补的高效公交系统。

（3）道路发展建议

1）道路网络规划与土地利用是相互协调发展的过程，如果土地开发的时序及开发模式有调整，则道路规划也应相应地进行调整。

2)土地利用规划和道路网络规划同步进行。根据道路网络容量确定土地利用开发性质和开发强度。

3)骨架道路交通体系是在确定的交通发展战略的基础上确定的,如果交通发展偏离推荐的发展战略或有偏离倾向,应及时调整交通发展战略,避免道路交通设施脱节,引发交通问题。

4)高新技术产业园区土地资源紧张,规划的部分道路在目前地形、用地条件下,可能难以立即实施,应从区域发展长远考虑进行控制。

5)为保障道路等交通设施的实施,建议对交通资源进行合理的保护和利用。

三、片区交通详细规划

片区交通详细规划的主要目的是为片区交通系统建设或改善提供技术支撑。根据规划管理的不同需要,不同片区交通详细规划项目的规划内容和重点各有侧重,包括面向长远规划控制、指导交通系统有序建设的片区交通详细规划、片区道路交通详细规划、片区道路与轨道交通详细规划,也包括面向近期改善,制定近期交通改善实施计划的片区交通综合改善规划。这些规划均需提出片区内重要交通设施的详细规划方案,以指导下阶段的工程设计和实施。

(一)规划思路

1. 规划的主要任务

片区交通详细规划的主要任务是落实上层交通规划,稳定片区交通网络,明确片区内重大交通设施布局及用地控制要求,开展支路系统规划,确定片区内道路断面和用地红线,明确主要道路交叉口形式、总体布局及用地控制,明确公交场站等其他交通设施用乏布置,明确步行系统、停车等规划控制要求,根据需要提出片区交通建设或改善计划。

片区交通详细规划协调片区用地开发与交通设施建设，指导片区内交通设施的具体工程设计与实施，为片区交通系统有序建设与管理提供技术支撑。

对于已编制综合规划的新开发片区，可根据规划管理的需要，就重要交通分系统编制专项详细规划，如片区道路交通详细规划、片区道路与轨道交通详细规划以及片区公交详细规划等，其规划任务则相应地以道路系统、轨道系统和公交系统的详细规划为主。

2. 具体的规划思路

片区交通详细规划按照目标导向与问题导向相结合的思路，综合考虑上层规划要求和现状问题，提出片区交通发展策略和交通系统规划方案；定性分析与定量测试相结合，对规划方案进行评价和优化；按照开门规划的原则，制定切实可行的交通建设或完善计划；按照功能导向的精细化设计要求，制定重要交通设施详细规划方案，指导近期工程实施。具体规划工作可分为三个阶段，各阶段的主要工作内容如下：

第一阶段，开展现状调查与资料收集，建立现状模型，基于现状道路交通条件进行分析和问题识别；根据片区功能定位、发展方向和目标、用地规模和建设规模，建立规划模型预测未来交通需求，并分析面临的交通问题。

第二阶段，按照整体交通规划及分系统交通规划确定的原则，借鉴国内外先进城市的经验，确定片区交通发展方向与对策。编制片区交通（改善）规划方案，内容涵盖片区内主要交通网络、重大交通设施、道路系统、交叉口、停车设施、公交场站与货运场站、步行系统等。对片区内重要道路，编制包括交通组织和渠化设计的详细规划方案。

第三阶段，利用模型对规划方案进行测试评估，优化调整方案，制定片区交通建设或改善计划，征求各相关部门和社区民众的意见，并根据意见修改、完善。

（二）规划要点

在转型发展阶段，片区交通详细规划在交通发展对策选择、规划方案制订、规划实施路径等方面均面临转型要求。

1. 交通发展策略——差别化目标与综合性对策

片区交通发展方向与对策，主要从片区自身特点和问题出发，结合上层次交通规划的要求制定。在转型发展阶段，城市中不同片区的发展背景、现状和发展目标的差异性凸显，需要制定差别化的交通发展目标，并采取土地利用与交通协调、需求调控与交通结构引导、多模式交通组织协调、精细化交通设计以及先进交通控制管理等综合性对策来治理交通问题。

2. 交通规划方案——兼顾空间管控及功能组织引导

传统片区交通规划的落脚点是用地红线控制，将交通规划方案纳入控制性详细规划；在交通系统多元化、交通走廊复合化、交通设施立体化的转型期，片区交通规划除了以用地红线为抓手的空间管控外，还需通过精细化的交通设计方案、设计指引来指导下阶段规划方案的实施。

3. 规划实施路径——注重综合协同，发挥社区共治潜力

片区交通详细规划是一项承接上层规划要求、面向设计与实施的规划，需注重同有关规划和建设的综合协调，落实上层次规划、反馈优化意见，协调片区内各类交通设施的功能和空间布置，统筹指导工程设计与实施。

同时，片区交通规划最贴近民众生活，可将片区交通详细规划作为重要的平台和抓手改善民众关心的交通问题。在此背景下，在片区交通规划方案和实施计划的编制和执行过程中，应充分发挥社区共治潜力，凝聚社区智慧，反映社区诉求，借助社区力量推进规划实施。

（三）案例分析——深圳市轨道 3 号线交通详细规划

1. 规划背景

深圳市轨道二期工程借鉴香港轨道交通发展的经验，在城市轨道交通工程可行性研究之前增加轨道交通详细规划工作。通过轨道 3 号线交通详细规划设计，加强轨道交通与沿线道路规划设计的衔接，通过轨道交通建设促进沿线交通系统一体化整合，在轨道沿线以车站为核心组织常规公交、人行系统、内部路网及公共空间，促进轨道交通与其他交通方式的高效率衔接，带动以轨道为核心的城市一体化交通模式的形成。

2. 规划内容及主要结论

规划既落实了城市重大轨道基础设施的规划布局，又利用轨道交通建设契机实施交通配套设施建设，使沿线交通系统一体化整合的规划理念落到实处。

（1）综合考虑土地利用、交通发展、工程及景观等因素，优化轨道 3 号线线站位，从线站位布局来落实通过轨道交通引导城市发展和交通系统一体化整合规划的理念。通过分析影响轨道线站位的土地利用规划、人口覆盖规模、交通衔接、技术标准、工程与施工要求以及景观要求等因素，提出了明确的线路走向方案、站位设置方案和敷设方案，落实轨道交通引导城市发展和交通系统一体化整合的规划理念，也为后续工作提供切实可行的规划依据。轨道 3 号线线站位规划图如图 3-9 所示。

（2）对沿线道路交通设施规划进行调整优化，为交通系统一体化整合打下坚实的基础。根据轨道交通接驳换乘的需要，提出道路网络、常规公交及小汽车接驳系统、步行集散系统的规划调整建议，同时为沿线片区交通综合改善、地铁建设时期施工疏解以及建成后路网恢复提供指导。

（3）进行车站形式及出人口布局规划，围绕车站设置交通接驳设施，建立良好的轨道接驳换乘系统。根据车站客流分布、周边路网布局和用地开发情况提出车站布置形式及出入口布局方案，同时围绕车站进行公交、的士、小汽车、自行车和慢行等交通接驳设施的布局，制定各种交通接驳系统的交通组织方案，建立良好的轨道接驳换乘系统，提高公共交通的系统效率和服务水平，同时为后续的工程设计提供规划依据。车站接驳设施布局规划示意如图 3-10 所示。

图 3-9　轨道 3 号线线站位规划图

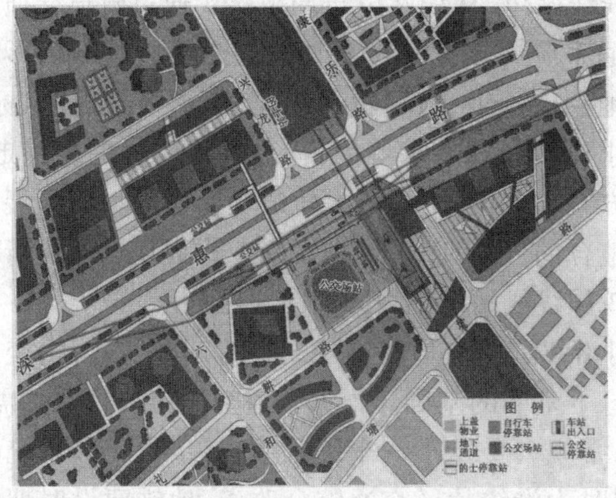

图 3-10　车站接驳设施布局规划示意图

（4）对轨道车辆基地布局及用地进行控制规划，在满足轨道运营的条件下，落实资源共享和集约利用土地的科学发展观。根据上层规划提出的车辆基地选址，从资源共享和集约用地的角度出发，结合选址地块的相关规划、地形和地貌等条件，在协调车辆基地平面及出入段线布局与车场周边用地规划、道路网规划等基础上，明确轨道车辆基地布局及用地控制，并为后续工程设计提供规划依据。

3. 转型规划／设计要点

（1）促进轨道沿线土地利用规划优化，对城市规划产生了重要作用。

利用轨道 3 号线建设的契机，通过 3 号线的线站位优化加强轨道交通与土地利用的协调，沿线形成以 3 号线为轴线、以车站为核心的珠链式土地开发模式，以 3 号线的建设带动沿线新区的建设和旧城的改造，促进土地集约化发展，加快特区内外一体化进程，引导东部发展轴城市布局结构的优化调整，促进龙岗区城市社会、经济和环境的可持续发展。

（2）提出了与轨道协同实施的沿线城市道路交通设施的规划建设要求提出轨道 3 号线沿线城市道路、公交等交通设施建设以及沿线地区的交通综合治理工作与轨道 3 号线线站位方案及建设时序协同实施的要求，为沿线片区交通综合改 善、地铁建设时期施工疏解以及建成后路网恢复提供规划依据。

（3）编制了片区道路交通调整措施汇总及车站规划管理导则，为车站核心地区规划管理提供技术依据提出对沿线道路交通设施进行规划调整，并围绕车站设置各类交通接驳设施，为轨道 3 号线沿线片区和车站周边规划提出了较详细和明确的规划指引及管理导则，有效指导 3 号线相关配套设施建设，落实宏观层面的规划意图。

四、片区综合交通发展与用地规划的宏观协调

按照宏观分区策略提出的各项要求，针对城市片区，结合土地与交通发展的不同特征，识别采用交通引导城市发展的重点发

展片区和发展类型，建立片区层面的差别化发展指引。

（一）结合城市用地和交通特征划定差别化发展片区

基于在宏观层面确定的总体发展目标和策略，进一步识别交通引导城市发展的重点片区。首先，对城市人口密度分布、居住与就业的分布、土地开发潜力情况、交通走廊带的需求供给、各区域出行分担方式等情况进行建模。然后，结合用地规划，综合考虑交通与土地两方面影响，从片区发展所依托的核心交通体系、公交发展策略、城市密度分区和土地开发潜力四个方面进行综合评估（图 3–11），最终将片区划分为重点发展区、一般影响区和其他区域三类，深圳市交通引导城市发展中观分区图，如图 3–12 所示。

具体来说，属于交通引导发展的重点区拥有综合交通枢纽或轨道交通换乘站，具有高公交出行比例发展目标。交通引导城市发展的重点区通常是城市密度分区中的高密度区，是具有较高的土地开发潜力的片区，如新的 CBD 地区等。交通引导城市发展的一般影响区拥有一般轨道交通车站或 BRT 车站，具有中等公交出行比例发展目标。交通引导城市发展的一般影响区通常处于城市密度分区中的中密度区，且是具有一定土地开发潜力的地区。对于其他片区，如生态保护区则划分为其他区域。

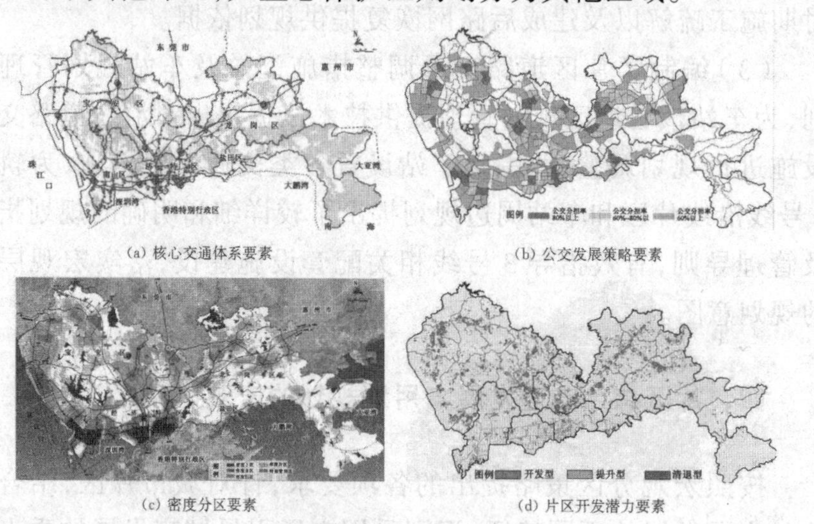

(a) 核心交通体系要素　　(b) 公交发展策略要素

(c) 密度分区要素　　(d) 片区开发潜力要素

图 3–11　片区交通与土地关系分析图

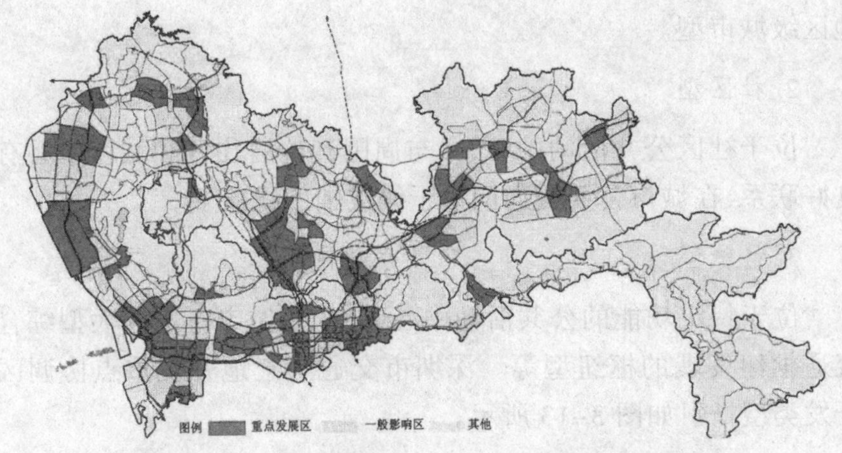

图 3-12 深圳市交通引导城市发展中观分区图

重点发展区提倡高强度的混合开发，提高片区的舒适性和可识别性，建立轨道交通车站与周边土地开发的便捷联系，完善公共交通、非机动交通系统的接驳；一般影响区提倡适当控制开发强度，加强与重点发展区的公交接驳，引导以公共交通为主体的出行方式；其他区域则应严格控制土地开发强度，控制城市无序蔓延，形成城市绿带分隔和城市绿肺。

（二）制定交通引导城市发展的中观片区指引

由于区位条件、功能定位、土地利用等不同，重点发展区不能采用同一模式进行开发，如城市综合活动中心与大型居住区的开发明显不同。借鉴香港、东京等国内外城市实践经验，将重点发展区细分为城市型、社区型以及特殊型三类，为制定各类型片区的微观规划设计要点、指导片区规划设计奠定基础[①]。

1. 城市型

位于城市各级综合活动中心，并直接在城市公共交通网络干线上，是城市的公共活动凝聚点。可进一步划分为位于区域政治经济文化活动中心的区域级城市型，或位于其他综合活动中心的

① 邵源，宋家骅. 珠三角城市 TOD 发展模式与实现途径探讨 [C]. 中国大城市交通规划研讨会、中国城市交通规划 2010 年会暨第 24 次学术研讨会，2010.

地区级城市型。

2. 社区型

位于社区公共活动中心，并与周围其他居住区和城市中心有良好联系，在城市公共交通网络干线或辅助线路上。

3. 特殊型

位于特定功能的公共活动中心，如依托城市机场等大型综合交通枢纽发展的枢纽型等。深圳市交通与土地开发重点协调区开发类型指引如图 3–13 所示。

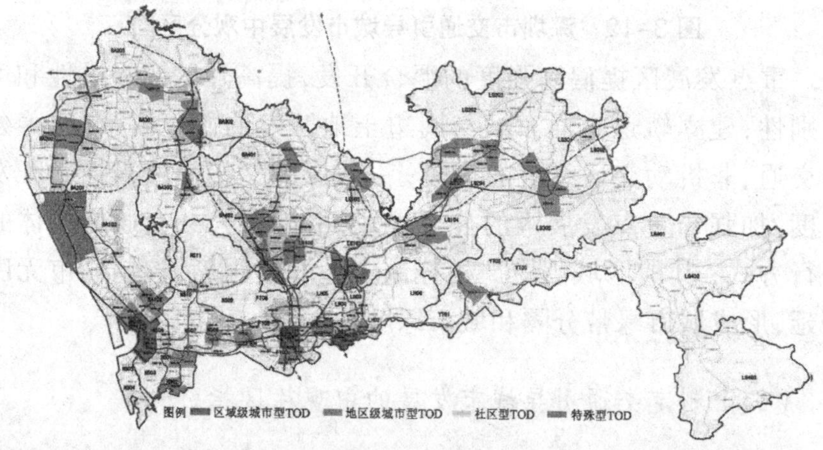

图 3–13　深圳市交通与土地开发重点协调区开发类型指引图

第三节　交通站点与周边用地开发

一、城市轨道网与周边用地开发

20 世纪初期，西方发达国家的城市普遍意识到单中心圈层式发展模式的种种弊端，开始转向多中心轴向发展的规划模式，但由于缺乏交通设施的支持，效果一直不是很理想。而轨道交通方式作为一种大运量、迅速、舒适、现代化的交通方式，提高了沿线的可达性，改变快速轨道吸引范围的区位条件，把大量的商业、居住业、工业活动吸引到快速轨道沿线，有利于市中心区人口的疏散。引导城市土地利用向合理的方向发展。如伦敦、巴黎、柏林、东京、莫斯科等崇尚公交发展的大城市，都有完善的轨道交通网络，并且轨道交通系统对城市用地开发的调整发挥了积极、重要的作用。

现阶段我国大城市空间结构调整的主要任务是城市内部用地结构的调整和加快郊区化的进程，在这期间城市形态结构的变化主要有两个发展方向：(1)由蔓延发展转向轴向发展；(2)由单中心的城市结构转向多中心的城市结构发展。从目前我国大城市交通需求、经济实力和城市布局特征来说。迫切需要发展轨道交通方式的城市从未来用地发展形态上分析，可分为团状结构和组团式结构两类城市。

(一)团状结构的城市轨道线网结构

虽然我国团状结构的城市正在加快内城区的改造和边缘区的扩展，但目前团状结构的城市空间结构主要具有以下特点：老城区人口密度变化不大，中心团块无论在就业密度、居住密度、交通密度方面都远远地高于边缘集团和卫星城镇，城市大规模的郊区化，即人口从老城区向郊区的迁移并没有真正开始，中心团块在众多人口的积聚下，不得不表现为圈层式地向外扩展，现阶段北京市中心团块面积已蔓延到六环，老城区人口密度一直居高不下，近郊区人口密度增加缓慢；各边缘集团、卫星城镇缺乏必要的交通设施和其他基础设施的支持，发展缓慢，难以形成副中心，城市仍然是单中心的结构。

现阶段我国已规划轨道线网的团状结构的城市中，北京的轨道线网为棋盘＋环线结构如图3–14所示。经过50多年的努力，北京中心城“双环＋放射”的轨道交通网络得到了进一步的加密。但由于轨道交通市域线建设刚起步。导致边缘集团与卫星城镇发展较为滞后。

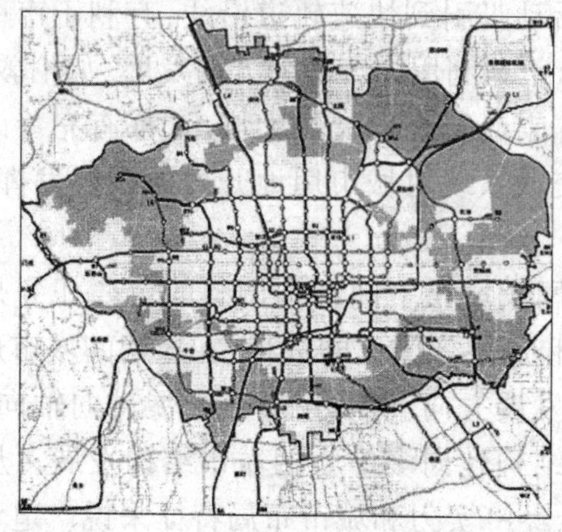

图 3-14　北京棋盘 + 环线结构轨道线网

因此从目前我国团状结构城市发展的角度来看,实现建设国际化大都市的目标,首先必须加快土地利用结构的调整,把中心团块不合理的工业和居住用地迁移到边缘团块和卫星城镇中去,提高第三产业的用地比例,使市中心区成为名副其实的 CBD。这就需要加快团状结构的特大城市联系中心团块和边缘集团的地铁线网以及加快联系中心团块和卫星城镇的区域快速铁路线网或市郊铁路的规划和建设,充分发挥交通的先导作用,利用轨道交通系统对各边缘集团和卫星城镇交通条件的改善,减少团状结构城市土地利用的级差效应。从而有助于各边缘集团、卫星城镇的开发,减轻中心区的压力,加快团状结构城市有机分散的步伐,促进多中心的城市结构形成,为团状结构城市发展进入相对稳定期打下坚实的基础。

（二）组团式结构的城市轨道线网结构

组团式结构的城市中心组团特别是中心组团的中心区与各边缘组团在早晚高峰时存在着大量的长距离的通勤客流,联系中心组团与其他组团间的城市交通干道上交通负荷过大,通勤出行占有很大份额。且由于市中心区位于中心组团,使得中心组团的客流密度远高于其他组团,加之中心组团开发较早,用地紧张且结构复杂，没有更多的用地用于城市道路建设，中心组团城市交通组织困难。因此从组团式结构城市空间结构发展的角度而言，组团式结构的城市快速轨道线网布局应有助于大幅度改善其他组团与中心组团用地的不等价性，加快其他组团的发展，减轻中心组团在就业、交通、社会诸方面的压力，扩展组团式结构的城市发展空间，推进城市结构的合理调整，从而为组团式结构的城市居民活动提供良好的相互联系，为城市各组团创造适于生活和安静的居住条件，给整个城市提升功能秩序和工作效率。

由以上分析的我国组团式结构城市现状布局特征和未来发展特点，其放射状基本线网应能方便各组团间的联系，特别是中心组团与其他组团的联系，通过放射状的轨道线路在中心组团的城市中心区相交，形成网络，以提高市中心区线网的密度，分散市中心集中的客流，在此基础上重点解决中心组团内的大运量的客运交通，其线网的布局应以客流分析为基础，并且注意与联系各组团的快速轨道线网的衔接。对于环线的规划应根据组团式结构城市的其他边缘组团的发展情况以及客流需求来确定，如图 3-15 所示。

一种可行的以轨道导向的城市空间结构和土地开发模式被逐步深入研究，[①] 即以 CBD 为中心、以沿着放射状的轨道交通线路站点为次中心、疏密相间的多中心城市空间结构与开发模式（如图 3-16 所示）。在 CBD 地区是高密度发展的商贸和高级办公等用地，沿着放射状的轨道交通线路的站点周围是具有吸引力、设计良好、适宜步行的高密度、紧凑发展的办公、居住和商业综合体和混合组团。

依据上述用地模式，总体上组团之间功能互补，但是每个组团本身又相对独立，以减少不必要的出行，有利于实现城市中心区与次组团之间渐进的、放射状的扩张方式，避免原有的平面的、“摊大饼”式的低密度蔓延。既节约了土地，也提供了鼓励社会

① 管驰明，崔功豪．公共交通导向的中国大都市空间结构模式探析[J]．城市规划，2003(10)．

交往和便捷生活与工作的可能，为市民提供了宜人的工作和生活空间。

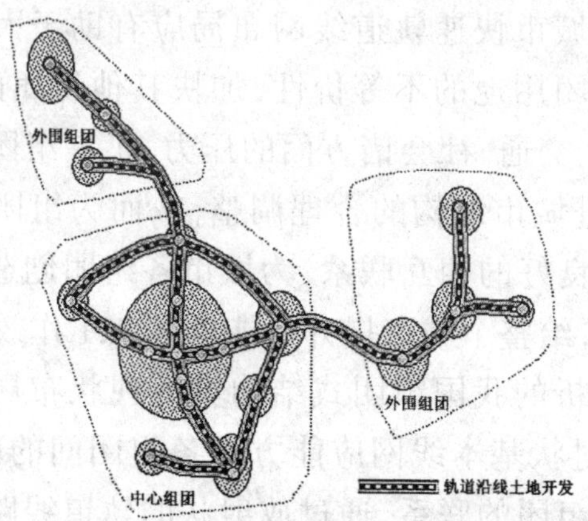

图 3-15 组团式结构城市的放射状轨道交通线网示意图

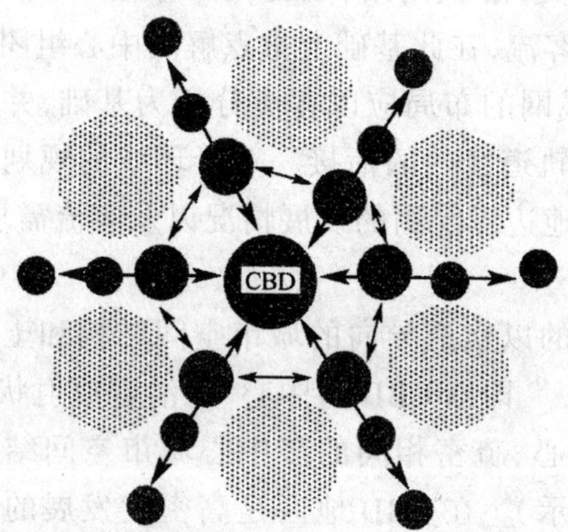

图 3-16 轨道交通导向下的组团式结构城市用地开发模式

二、交通用地开发影响评价

中观交通模型是支持用地开发交通影响评价的关键技术，透明化的数据和分析方法以及统一分析平台，可以支持交通影响评价、交通承载力评估等土地开发交通评价。

（一）中观交通模型技术框架

中观模型是基于城市规划片区的交通分析模型，为片区内用地开发建设项目提供精细化的交通影响评价指标，依托中观模型，搭建统一评估平台，规范交通影响评价、交通承载力评估等工作。

基于流量转向延误的静态交通分配，通过模拟细化路口交通组织控制，突出路网节点交通延误对道路交通流分配的影响；用车队组合代替个体车辆的车流仿真，考虑车队组成的动态仿真模拟。中观交通模型技术标准体系分为“数据—分区—路网—需求—模拟”五个部分，具体如图 3-17 所示。

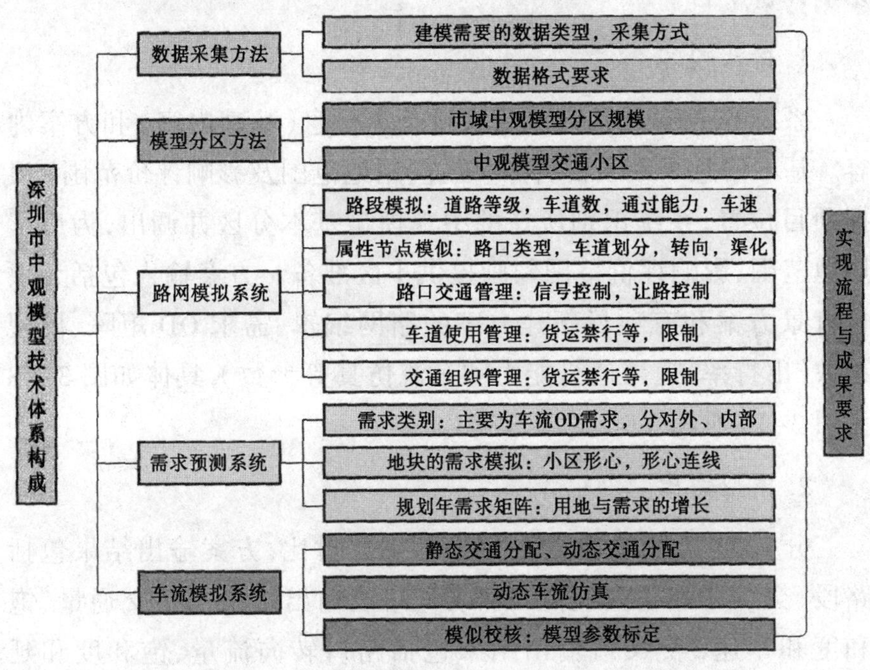

图 3-17 中观交通模型技术标准体系

（二）中观交通模型分配技术

将出行需求按一定的原则分配到交通网络上，求解路网中各路径的交通流量，对路网性能进行评价。考虑时间变动因素，将时变的交通出行合理分配到交通网络中各路径上。

面向交通影响评价的中观交通模型，采用车队组成动态仿真模拟，车队内部动态模拟特征一致。提高了效率的同时也获得更多细致的分析评价指标。交通分配与交通仿真的联合：中观交通模型融合静态交通分配与动态车流仿真，并进行深度校核，提高效率同时输出适应精细化评估的各种指标。

（三）基于中观模型的交通影响评价平台

以中观交通模型技术为基础。构建易于操作和使用的交通影响评价平台。

1. 输入内容

系统界面输入内容包括项目基本信息（基础内容）和方案内容。基本信息录人项目名称、位置、用地范围及影响评价范围；根据项目位置，系统识别所在的中观模型基本分区并调出，为后续用地范围、影响评价范围勾画提供小区准备。方案输入包括无项目背景方案和有项目新建方案的路网编辑、需求 OD 矩阵、模型参数（出行率、道路通行能力和车流仿真等参数），具体如图 3–18 和图 3–19 所示。

2. 模型输出

分有方案、无方案输出模型结果并对比，方案输出结果包括路段、交叉口和仿真视频三部分；路段输出结果包括交通量、饱和度和车速；交叉口输出结果包括路口转向流量、饱和度和延误；此外，中观模型还可输出统一格式的各指标报表，如图 3–20 所示。

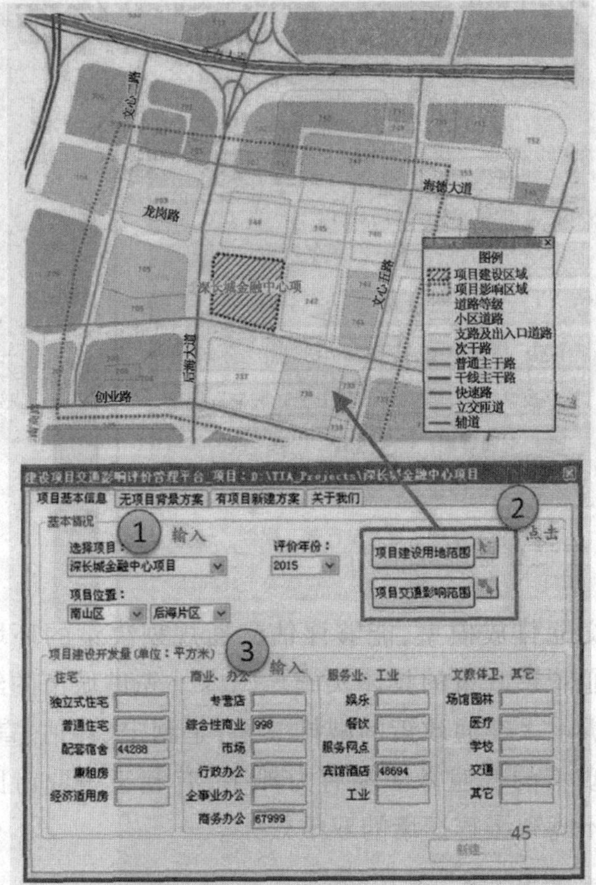

图 3-18　勾画项目建设用地范围与参数录入

图 3-19　中观交通模型动态仿真

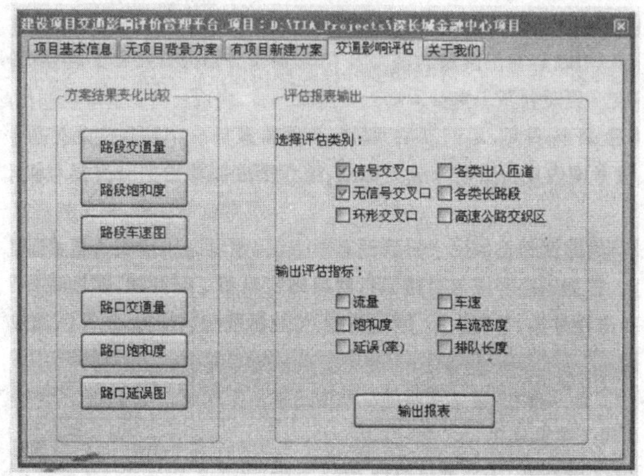

图 3-20　建设项目交通影响评价管理平台

（四）交通排放检测评价

建立交通排放模型，能够评估交通规划决策的环境效益，有力推进交通管理政策的具体实施。国内外先进城市的经验表明，定量化分析重大交通政策的减排效果，是制定、评估、宣传和实施各类交通政策的普遍做法和有力抓手，有利于争取市民的理解，取得保护环境和缓解拥堵的双重效果。

1. 排放监测边界

交通排放监测平台主要以机动车为研究对象，综合考虑不同类型车辆对城市交通排放中的影响，选择小汽车、出租车和常规公交等三种客运交通方式，以及普通货运车、专用货物运输车辆（集装箱、冷藏保鲜设备、罐式容器等）、道路危险货物运输车等货运交通方式进行核算。

交通碳排放监测平台对城市不同地区、不同时间段的交通碳排放情况进行跟踪监测，评估不同地区交通排放分布情况。系统建设主要包括以下三个方面内容：

（1）交通调查与数据采集；（2）建立交通排放核算模型；（3）建立交通排放监测与发布应用系统。

2. 交通排放建模

（1）“自下而上”精细化建模

基于车队构成、运行工况等的排放因子库，通过分别计算每种交通方式的排放来核算城市所有交通活动排放总和。

不同车种、不同排量、不同燃油类型和不同排放标准车辆在交通排放特性上存在显著差异，参考国内现行机动车分类标准，结合排放核算的实际需要对机动车类型进行划分。

采用欧洲道路交通排放因子手册的基本方法，建立适用于城市自身情况的交通排放核算模型。根据道路等级与道路运行状况确定典型工况曲线，实现运行工况的本地化；根据包括车辆种类、车辆大小、燃油类型、排放标准四项指标，将车队构成本地化；典型工况曲线对应不同的车辆类型、燃油类型、排放标准等指标，共得到1600个本地化交通排放因子。“自下而上”建立交通排放模型的基本原理如图3-21所示。

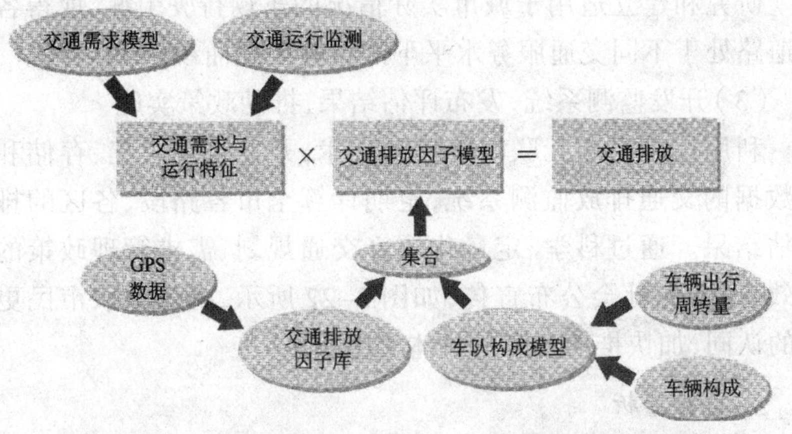

图3-21 “自下而上”建立交通排放模型基本原理

（2）排放因子库本地化

国外因子不宜照搬，需要通过欧洲PHEM模型（客车和重型车排放模型）计算符合城市道路运行情况的排放因子。PHEM模型是可基于排放特性图模拟不同驾驶模式的排放因子模型，其核心是发动机瞬态地图。发动机瞬态地图的建立基于针对中型车的三个测试，包括发动机台架试验、底盘测功机和道路测试。

（3）车队构成本地化

通过在排放标准实施计划、车辆年检数据、车牌识别数据和监测点的分布信息等数据之间建立关联，得到不同空间范围内，不同类型、车龄、排量、燃油类型以及排放标准的车辆构成比例。

3. 交通排放监测发布平台

平台功能主要包括以下三个方面内容。

（1）掌握需求特征，评估交通运行

建立了城市交通需求（含客运、货运和公交）模型，获取完整性好、精度高的道路周转量数据，误差控制在 ±10%以内，有效掌握交通需求特征。通过研究道路交通运行动态评估技术指标和计算方法，使数据空间覆盖率 80%以上，车速采集误差控制在 ±5 km/h 以内，准确评估交通运行状况。

（2）获取行驶工况，建立排放模型

研究和建立适用于城市实际情况的车辆行驶工况，取得各等级道路处于不同交通服务水平下的行驶工况曲线。

（3）开发监测系统，发布评估结果，推动政策实施

利用计算机和互联网等信息技术，开发自动收集、存储和处理数据的交通排放监测系统，定期计算全市各路段、各区的排放评估结果。通过科学、定量化核算交通规划、需求管理政策的减排效果，并向社会公布宣传，如图 3–22 所示，有效争取市民更广泛的认同，加快推动政策的具体实施。

4. 案例分析

深圳市作为改革先锋城市，为了适应与支撑城市与交通系统的快速发展，率先开展了交通信息化与交通系统综合评估的探索，先后拓展了交通运行、交通土地、交通环境、交通经济等多个与交通相关评估视角的研究，建成了土地利用交通影响评价、道路交通运行指数、交通排放监测等评估平台，形成了一系列具有研究价值与借鉴意义的成果。

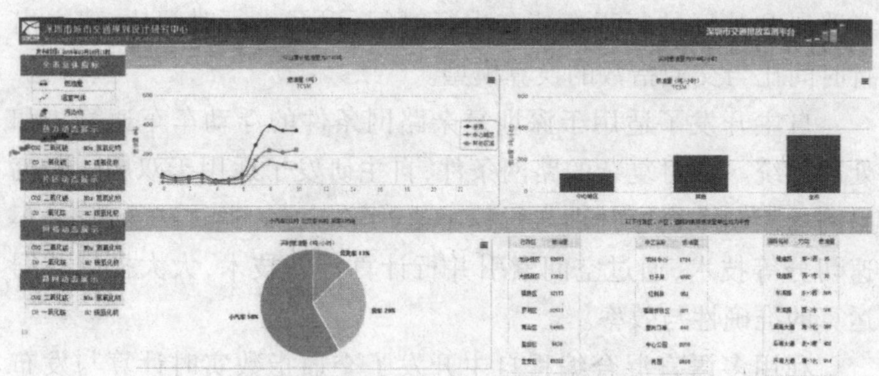

图 3-22 交通排放监测平台界面

(1)道路交通运行指数平台

①规划背景

道路交通拥堵状况日趋严重,亟须采取措施着力改善,道路交通运行科学评价可用于诊断交通问题、研判发展趋势、挖掘相关规律,持续监测交通运行水平变化是治理交通拥堵的关键技术基础与评估交通政策效果的最佳手段。

深圳市道路交通运行评估指数是以“深圳市城市交通仿真系统”为基础,基于理论与现实需求,旨在建立可靠稳定的道路交通运行评估方法与指标,建成集基础数据的采集、传输、存储、计算和发布等功能的平台。

②规划内容与主要结论

全面系统地制定了“6 大类、3 层次”的深圳市交通运行评估指标体系。按照“体现深圳特点、利于决策支持、利于市民了解、利于采集计算、利于技术分析”的总体原则,从畅通性和可达性两个方面,结合“面线点”三个空间层次构建道路交通运行评估指标体系[①]。

国内首次提出了基于出行时间的综合性路网交通运行指数定义与算法。项目在国内首次提出了一种基于出行时间的交通指数。指数计算利用全市约 15000 辆出租车的 GPS 数据,计算

① 深圳市城市交通规划设计研究中心. 深圳市道路交通运行指数研究及发布方案[R]. 深圳: 深圳市城市交通规划设计研究中心, 2011.

各路段和片区的行程车速和出行时间，以及出行时间比，建立出行时间比与交通指数的换算模型。

自主开发了适用于深圳复杂路网条件的浮动车车速算法和处理系统。针对复杂的路网条件，自主研发了适用于双层间断流路网的浮动车轨迹判别与行程车速计算方法。通过路径搜索、车速切分等技术，通过空间索引并行计算等新技术，大大提高数据运算的准确性与效率。

利用多语言混合编程自主开发了交通指数实时计算与发布应用系统。面向实时交通运行评估的实施应用，自主开发了交通指数计算与应用发布系统，利用了 C++，C#，SQL，Asp.net，Action Script 以及 Arcobject 和基于 Java 的移动接口二次开发等编程语言，实现了数据接收、计算处理、结果发布、故障报警以及自动修复等功能模块，并为后续拓展功能的开发应用预留了技术接口。

开发建设了深圳市道路交通运行指数专题网站和综合发布平台。面向社会公众提供出行信息服务，建立了深圳市道路交通运行指数专题网站（http://szmap.Sutpc.com），包括全市概况、重点片区、道路关口、指数解读等 4 个板块，具有实时信息发布、历史数据查询、交互搜索查询等功能并提供反馈信息入口。同时建立包括微博、显示屏、广播、电视、报纸等多种渠道的综合发布平台，实时或定期向公众发布交通指数和路况评估结果。

③转型规划 / 设计要点

理论研究创新——提出量化评估交通整体运行状况的交通指数。提出了基于出行时间的道路交通运行指数，并以此为基础研究建立了一种在路网层面综合评估道路总体运行状况的理论方法。深圳的应用实践证明，该项指标及评估方法具有直观易懂、可移植性强的突出优点，易于市民对出行时间做出预先判断，在国内外同类研究中处于先进水平。

技术研发创新——自主研发准确、高效的交通指数处理系统。经过技术攻关，研究了海量数据的实时处理和发布技术，在地图匹配、最短路径搜索、空间索引、并行计算等关键技术上自主创新，对传统方法进行优化和改进，显著提高了车速、交通指数等指标计算的准确性和计算效率。

发布形式创新——提供以人为本、注重用户体验的信息服务。结合现有多元用户需求与技术条件，科学设计交通指数、道路车速等信息的发布途径和内容形式。在网站功能上注重用户体验，从面、线、点等三个空间层次全面反映道路运行状况，利于市民全面了解道路运行状况及变化趋势，相比同类型网站功能更为细致丰富。此外，利用广播、电视、报纸等媒体渠道，并积极拓展手机短信、微博、显示屏等新的发布形式，进一步丰富交通指数的应用服务功能。

应用实践创新——以量化评估推动传统交通规划管理工作模式变革。定量化的交通运行状况评估为交通规划管理提供了绝佳的决策支持工具，能够持续定量地监测道路运行状况，及时准确地发现存在问题。实践应用方面，交通指数已在交通白皮书、停车发展政策、交通拥堵综合治理等重大交通规划决策中发挥了重要的数据支撑作用，将定量化的交通动态运行评估固化为决策流程中关键一环，实现交通规划方案生成的定量性、科学性，有力推动了规划管理工作模式向科学化、精细化转变。

（2）交通排放监测平台

①规划背景

减少污染排放、改善空气质量是各级政府和社会各界高度关注的民生问题，已上升为重要的国家战略，交通（尤其是机动车）排放管理作为该项战略的重要组成，量化核算交通排放，是交通运输领域贯彻落实低碳发展理念、实现行业减排目标的关键技术基础。

建立交通排放监测平台，可定量化评估交通环境影响，拓展交通—环境的多维度评估视角，为交通和环境政策的制定与实施提供技术支持。国外经验表明，通过科学、定量化核算交通规划、政策的减排效果，作为相关政策、规划和计划的重要依据，并在公众参与环节向社会公布宣传，能够有效争取市民更广泛的认同与理解，加快推动政策的具体实施。

②规划内容与主要结论

a. 交通调查与数据采集：

基础数据采集：根据建模需要有针对性地收集交通数据，结合深圳市组团式多中心的城市空间形态和二线关交通、疏港交通等交通运行特征，通过固定线圈、视频检测、GPS 浮动车等多种途径获取动静态交通基础数据。

交通运行评估：科学建立交通运行评估指标体系与道路服务水平分级标准，开发建立基于浮动车 GPS 的交通数据处理与指标统计计算子系统，定期或实时计算反映道路交通运行水平的评估指标，如行程时间、交通延误、服务水平。

b. 建立交通排放核算模型：

建立深圳市综合交通模型：包括客运模型（含公交模型）和货运模型，掌握全市不同类型机动车需求的分布情况与分配结果，进而计算交通周转量。客运交通模型的主要指标包括不同客运交通方式（小汽车、公交车）交通量（PCU）、周转量（VKT）。货运交通模型的主要指标包括不同货运车型的交通量（PCU）、周转量（VKT）。

建立本地化的交通排放因子库：参考国际上在排放因子库建立方面已经成熟的做法和成果，当道路工况、排放标准等各方面参数均与既有标准相似的条件下，引用欧美国家既有的排放因子；当各方面参数的差异较为明显时，针对深圳市特有情况，利用欧洲 PHEM 方法建立专门的排放因子。

建立本地化的车队构成模型：不同区域和路段上的车型构成和交通量信息是构建交通模型和进行排放核算的重要参数，利用深圳市交警局、市人居环境委等部门协调车牌识别、车辆年检、排放标准实施计划等数据为基础，构建车队构成模型。

建立交通排放核算模型：通过交通需求模型、交通排放因子和交通数据基础条件，研究适用于我市的交通排放模型建模方法,构建深圳市交通排放核算模型。

建立交通排放监测与发布应用系统:

建设交通排放监测系统:基于科学可靠的理论研究,针对深圳市在交通排放监测方面实际需要,借鉴在建立道路交通运行评估系统方面的经验,以评估城市交通排放为重点,建立深圳市道路交通排放评估系统,以客观反映城市道路交通排放状况的变化规律。

发布交通排放监测结果:利用计算机技术研究开发评估和发布结果的处理系统,建立交通排放核算结果发布平台,为便民服务、政府决策和技术分析提供支持。

③转型规划及设计要点

交通排放监测平台已在停车发展政策、新彩隧道开通等重大交通规划决策中发挥了重要的数据支撑作用,将定量化的交通环境评估固化为决策流程中重要一环,拓展交通规划评估视角,有力推动了规划管理工作模式向科学、绿色、精细转变。

运用基于车队构成、运行工况等的排放因子库分别计算每种交通方式的排放核算城市所有交通活动排放总和的方法(称之为“自下而上”)是交通排放核算的首选建模技术。

融合客运模型、公交模型、货运模型等多模式一体化交通模型,结合交通动态监测数据,采用“量化建模 + 动态标定”的方法,获取完整性好、精度高的道路周转量数据,是排放平台的基础。

以出租车 GPS 数据为基础数据,利用数据通信、地图匹配、路径搜索等计算机技术,计算交通车速、延误等评估指标,获取实时动态、全面准确的交通运行状况成为交通排放建模的关键技术前提。

在国外成熟的研究成果基础上,针对深圳城市交通特点,因地制宜进行修正,建立深圳市交通排放因子库是具有可操作性、成本较低、准确度较高的方法。

三、轨道交通站点与周边利用联合开发——以新宿为例

（一）轨道交通站点的立体开发

新宿是日本东京都内23个特别区之一，也是东京都乃至于整个日本最著名的繁华商业区。新宿位于东京都区内中央偏西的地带，距离银座8km，繁华程度仅次于银座和浅草上野，如图3-23所示。

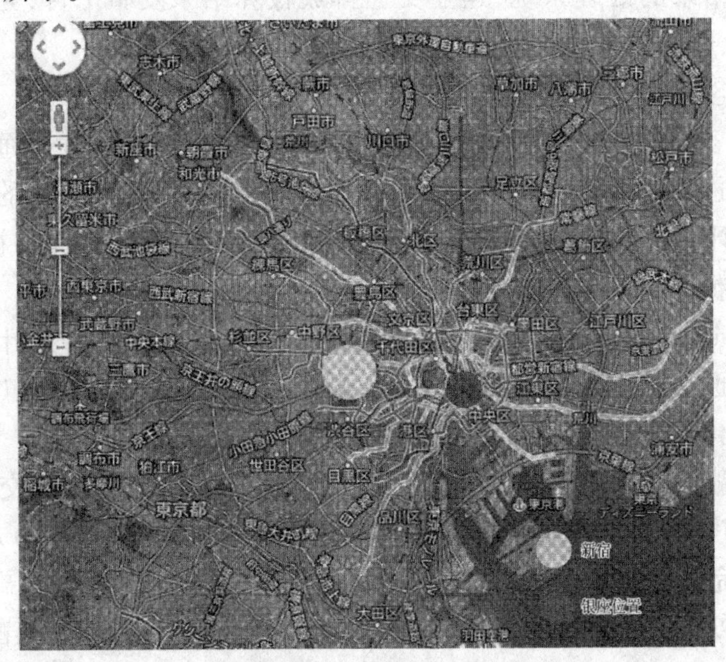

图3-23 新宿的区位

1958年下半年，东京都政府提出建设副都心（即新宿、涩谷、池袋）的设想，并首先从新宿着手。经过近30年的规划建设，新宿副都心已经在东京都的西部形成。商业、办公及写字楼建筑面积为200多万平方米，并形成东京都的一大景观——超高层建筑群，其中不乏百米以上的摩天大楼。新宿副都心的经济、行致、商业、文化、信息等部门云集于商务区，金融保险业、不动产业、零售批发业、服务业成为新宿的主要行业，人口就业构成已接近东京

都中心三区。

轨道交通是新宿主要的对外公交类型。区内的新宿车站是东京都区西侧最重要的站点之一，如图 3-24 所示。JR（Japan Railway，日本国有铁道）山手线、JR 中央本线、JR 总武线、京王电铁股份有限公司及小田急电铁的总部都位于新宿车站。很多往来东京都的长途巴士也多以新宿作为起终站。

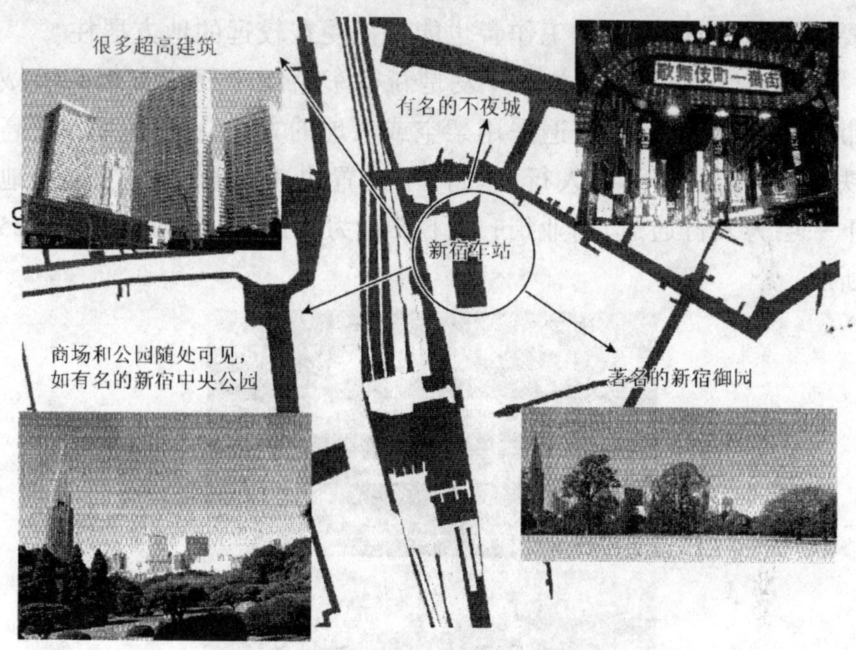

图 3-24　新宿车站

新宿 CBD 的道路交通系统主要以新宿轨道站点为核心，大体呈放射形布置，CBD 的主要商务建设分布在巨大的扇面内。在靠近车站的区域，道路间距较小，更适合于出行者步行通过；而在距离车站较远的超高层建筑区域，道路交通规划建设采用了立体化的车行系统，东西向与南北向车道标高差 7m，并且人车分流。该道路交通规划建设与原有的电车山手线新宿车站紧密结合，将地铁、公交、公共停车与步行系统有机统一，组成一个良好的换乘体系。

在步行系统的设计中，地上地下进行了通盘考虑。由于使用轨道交通出行者的数量巨大，使区域内对步行环境和网络可达性的要求非常高。CBD结合轨道站点建设了发达的地下步行交通网络，使用公共交通方式的出行者能够非常方便地步行到达办公地点。

值得一提的是东京都很多主要的轨道线路都分成一般、快速、特快等不同等级的列车，相当于我国的大站车和普通车的分类。这样的列车运营方式大大降低了长距离的轨道交通出行需要的时间，使在这里的工作者也能够接受在较远的地方居住。

轨道交通站点的立体开发是新宿车站的丰要特点之一。城市内轨道线、高速路普遍采用架空或入地的方式。地上为铁路(高铁)、高速路；地面为人行、车行，不设置快速交通、轨道交通；地下一层为人行通道、商业街；地下二层为地铁、停车场，如图3-25所示。

图3-25　轨道交通站点的立体开发

(二)新宿商业与轨道交通联合开发经验总结

新宿商业与轨道交通联合开发经验总结主要体现在以下几个方面。

第一,地铁站与各类交通设施、上盖物业结合较好。地铁是交通系统的主轴,地铁与公共汽车站点、火车站点、居民区、就业区等高效衔接,从而使地铁拥有非常可观的客源,形成了巨大的地铁商业区,市场潜力巨大,大大促进了地铁商业网点的发展。

第二,重视地铁与其剧边地块的统一规划、联动开发。新宿从地铁发展伊始,就重视地铁与其周边地块的统一规划、联动开发,通过地铁发展带来的土地升值,开发房地产、商业物业,建设地铁商业设施,弥补地铁门票收益的不足。

第三,重视地铁商业区的培育。新宿地铁商业开发,充分利用大规模的地铁人流,围绕地铁站点,高密度地布局商业网点,从而使地铁站点成为一个个繁华的商业区。地铁商业区是由一个个商业节点所组成的商业轴带。

四、交通站点与周边用地开发的微观协调

微观层面协调交通站点周边地区的详细规划与交通规划,提出土地利用及交通改善的规划设计要点,从微观层面指导用地和交通规划设计。结合城市规划和交通规划的相关标准,围绕空间尺度范围、用地功能控制、城市设计与环境、交通设施四类要素,开展微观层面规划设计。

(一)合理确定空间尺度范围

根据轨道交通站点所处片区的类型,主要考虑行人步行距离以及轨道交通车站密集程度两个因素,确定重点开展交通与土地协调规划的空间尺度范围。区域级城市型重点发展区位于区域政治经济文化活动中心,土地功能结构复杂,混合程度较高,轨道

交通车站间距较小，车站之间直接腹地相互重叠，市民步行接驳可接受的距离相对较短。与之相比，地区级城市型重点发展区市民步行接驳可接受的距离稍长，社区型最长。

（二）控制用地功能

1. 差别化功能定位

根据交通站点区位及周边土地价值，区域级城市型片区用地功能应以商业办公用地为主，不建议进行纯居住用地开发；地区级城市型以居住、公共服务用地为主，含有一定比例的商业办公用地；社区型以纯居住用地为主，商业零售主要是为社区服务的商场。

2. 合理安排土地分布

根据轨道交通车站周边房地产价值随着与车站距离的增加而衰减的原则，在区域级城市型地区的轨道交通车站周边，核心腹地主要布局商业用地、商办混合用地，外侧可考虑布局商住用地，但不提倡纯居住开发；在地区级城市型地区轨道交通车站周边的核心腹地，主要布局商业用地、商办混合用地，外侧以居住用地为主；在社区型地区的轨道交通车站周边的核心腹地，主要布局商业用地、商办混合用地和居住用地，外侧以纯居住用地为主。

3. 合理验算土地开发强度

结合城市密度分区，拟定不同类型地区的土地开发强度，结合交通和公共配套设施的承载力以及日照、房屋间距等相关标准的要求进行验算。

4. 合理安排土地利用混合度

区域级城市型片区的土地混合程度最高，以商办混合为主；地区级城市型片区混合程度次之，以商住混合为主；社区型混合程度最低，以商住混合为主。

（三）关注城市设计与环境要素

1. 开放空间

根据服务人群的特点，建议在区域级城市型片区以城市花园、建筑前广场和街角休憩点为主，零散分布在高度密集的建筑群中。在地区级城市型片区以文娱广场、公园为主，毗邻商场和公共服务建筑。社区型以休闲空间和小型运动空间为主，分布在公共服务用地和居住用地之间，形成居住与公共服务的分隔带与联系带。

2. 地下空间

为提高轨道交通的使用效率，实现轨道交通与商业开发的“双赢”局面，建议轨道站点地下空间综合开发以轨道站点为核心，从车站向外依次设置商业服务业、交通接驳设施和停车场等功能区域。

3. 标识系统

强化公共艺术和建筑特色，提升地区的认知度。加强标识系统，提高复杂地区方向可识别性。

（四）开展交通设施精细化规划设计

1. 与周边用地紧密结合布设轨道交通出入口

轨道交通车站的布设重点强调与周边建筑、常规公交车站和出租汽车停靠站的结合。为提高轨道站点的服务能力，结合周边城市布局多设轨道车站出入口以吸引客流，合理布置车站出入口位置，地下步行通道尽量延伸至站点周边建筑内部。

2. 差别化布设道路网

根据轨道站点功能定位及所在区位，确定不同站点周边地区的道路用地比例，经过交通设施和公共配套设施的承载力验算，确定道路用地比例的合理范围。在现有道路等级结构规范标准的基础上,往往需要通过提高支路网密度,提高片区的可达性。一体化规划设计慢行交通系统。细化交通及相关用地功能需求,统筹轨道交通站点内外部及其衔接系统、地上地下空间的规划设计,合理组织人行和自行车交通流线,提供便利的步行系统连接轨道站点,形成连续、一体化的慢行系统。

(五)完善实施机制

1. 明确车站地区土地利用、规划控制和吸引投资者的激励机制

坚持政府支持、行业推动、企业运作的原则,明确开发项目的计划和规划,土地取得和开发方式,申请及审查程序、监督管理和处罚奖励等方面的细节规范;明确政府、地铁公司和参与实体的责任、权利以及利益分配方式。

2. 完善土地储备、控制、运作机制

土地储备期的近期控制为 2 ~ 3 年,远期控制根据城市发展情况可以延长至 7 ~ 10 年,应提前完成开发用地的征地拆迁工作。

3. 完善轨道交通车站相关地下空间政策

使用权以协议的方式优先出让给轨道交通建设项目的经营者,其所有人和使用人应当履行地下空间物业和设施的日常管理和维修义务。

第四章 城市交通拥堵概述

“衣、食、住、行”是人物质生活的四大要素。在市场经济条件下,“衣、食、住”有钱就可以买到质量,而“行”则不可以。随着汽车进入家庭,交通拥堵在不断加剧。正像人类学会用火一样,人们在享受火带来的社会文明的同时,却不得不面对火给人们带来的灾难,道路交通拥堵问题和交通事故频发现象就是如此。

第一节 城市交通拥堵现象与分类

一、城市交通拥堵现象

(一)全国大部分城市发生道路交通拥堵现象

道路交通秩序是社会的一个“窗口”,道路交通秩序的好坏将直接影响人民群众的生产、生活,对国民经济的发展起着至关重要的作用。城市的道路交通秩序是这个城市的脸面,其好坏能体现这个城市政府管理水平的高低。

我国改革开放以来,随着经济建设的快速发展,机动车的保有量持续高速增长,小汽车进入百姓家庭,各地城市道路交通拥堵状况越来越普遍、越来越严重,已经成为一种引起社会各界普遍关心的社会现象。每个国家都有一个机动车保有量迅速增加的阶段,但是增长的迅猛程度和规模巨大程度,在我国是史无前例的。

然而，当人们在尽情享受汽车文明的同时，堵车的烦恼也与日俱增。汽车大量增加带来的交通事故、交通污染与能源消耗，城市道路交通拥堵等，已形成严重的社会问题，给各地经济发展造成了很大的负面影响，甚至成为阻碍社会经济发展的瓶颈。

2010 年中国汽车销售总量超越美国，成为全球第一后，给城市的道路交通带来了极大的压力，交通堵塞、交通事故、环境污染等问题正在困扰着北京、上海这样的超大规模城市，并且开始向大城市以及中、小城市扩散。

（二）国外城市交通拥堵现象

在世界范围内，经济快速发展一般都会导致道路交通饱和，交通堵塞严重，交通问题突出，发达国家几乎都有过这样的经历，这是各国城市化和机动化都难以逾越的发展阶段。

2018 年评选出了全球五大交通最拥堵的城市，洛杉矶连续 6 年荣登全球“堵城”之首（图 4-1），其次是莫斯科（图 4-2）和纽约（图 4-3）、圣保罗（图 4-4）和旧金山。

图 4-1　拥堵的洛杉矶

图 4-2　拥堵的莫斯科

图 4-3　拥堵的纽约

图 4-4　拥堵的巴西圣保罗

图 4–5　拥堵的旧金山

国内大多数城市不同程度存在交通拥堵现象，全国 667 个城市中，约有 2/3 的城市交通高峰时段主干道机动车车速下降，出现拥堵。而且是城市越大交通拥堵越严重，道路交通问题越多。

在国内县级以上城市中，拥堵几乎成了一道共同的风景线。经常出差的朋友到外地的第一句话，一般就是说：你们这里也堵车呀！

美国洛杉矶早在 1937 年就出现了交通拥堵，在过去的 20 多年中，交通拥堵使美国人浪费的时间、燃料和由此带来的损失增长超过 4 倍；英国伦敦 1989 年创造了长达 53km 车辆排队长度的拥堵纪录；法国巴黎的科特达祖路段曾出现过长达 4 个星期的拥堵；巴西圣保罗 2008 年 5 月 9 日创造了 266km 的世界最长拥堵纪录；日本东京也曾经历了难以忍受的交通拥堵，出现过在路上 4 个小时只走动 100m 的记录；2009 年俄罗斯莫斯科注册的汽车数量达到 300 万辆，莫斯科人每天平均拥堵时间达 2.5 小时，比世界同类的城市高出 57%。

在泰国曼谷，开车出去在路上走不动了，车上的乘员就会下车打牌或者看书，这样消磨时间一过就是几个小时。由于大量的汽车尾气排放，大家上街都戴口罩，曼谷的警察有时候要戴口罩才能上岗（图 4–6）。

曾经有不少人认为城市发生堵车是因为路少了，但是修了路后一样再发生堵车。我国城市道路交通拥堵有一个恶性的循环：修路→堵车→再修路→再堵车(当年北京修三环时曾说十年不落后,结果通车之日就是拥堵之时,这个预言也成了最失权威的预言)。迄今为止,世界上没有一个国家和城市能够通过修路来解决城市交通拥堵问题。这是因为在道路增加的同时,小汽车和其他车辆的数量也在增加,而且增加的速度远远超过道路建设速度。

图 4–6 拥堵的曼谷

所以,现在很多专家在不同场合都发出了“城市交通完全瘫痪将会指日可待”的警告,而且北京将会首当其冲。

二、城市交通拥堵分类

根据交通拥堵的出现频度,交通拥堵可以分为常态拥堵和非常态拥堵两大类(图 4–7)。

常态拥堵一般呈现周期性拥堵现象,主要包括由路面变窄、交通需求过度集中、交通秩序混乱、占道停车影响、路口交通组织不当、节日集中出行造成的交通拥堵。

非常态拥堵是由偶然事件发生造成的交通拥堵,包括由交通事故、车辆故障、物品洒落等人为因素和由大雨、浓雾、冰雪、沙尘暴、雾霾等自然因素造成的交通拥堵。

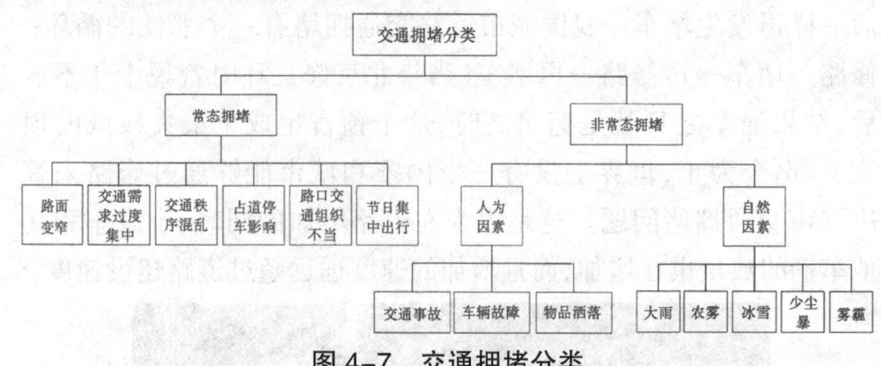

图 4–7　交通拥堵分类

第二节　城市交通拥堵特性

一、交通拥堵的产生与消散过程

我们可以通过实际案例来理解交通拥堵的产生和消散过程。图 4–8a ~ 图 4–8e 所示为一个单向三车道的城市快速路在发生交通事故后，从产生交通拥堵到拥堵消散的全过程。可以将整个过程分为三个阶段：拥堵向上游的传播阶段、拥堵消散阶段和交通流恢复阶段。

第一阶段，图 4–8a、图 4–8b 表示拥堵向上游的传播阶段。首先，在某一时刻，交通事故发生在道路下游断面 2 位置并阻塞了一个车道。由于事故的原因，此时的下游断面 2 处的通行能力 q_2 远远小于上游断面 1 处的到达交通流量 q_1（图 4–8a）。因此在断面 2 处形成了交通瓶颈并以此为起点形成了拥堵区域 J，并开始向上游扩散传播（图 4–8b）。

第二阶段，如图 4–8c 所示，从交通事故发生开始经过时间 T_1，事故被清除。在事故断面 2 处，原有的拥堵交通流以一定的饱和交通量 q_3 开始疏散。这里的饱和交通量是该路段可以达到的最大交通流量，因此可以认为 $q_3>q_1$。由于拥堵交通流区域 J 的车辆不断地开始向下游加速，此阶段从事故点断面 2 向上游形成了一个新的饱和交通流区域S。

饱和交通流区域S的范围不断向上游扩大,经过时间T_1,该区域的上游边界断面4与拥堵交通流区域J的上游边界重合,导致拥堵区域彻底消失,整个路段被上游的畅通流区域F和下游的饱和流区域S覆盖,交通拥堵完成了消散过程。

第三阶段,如图4-8d、图4-8e所示,畅通流区域F不断向下游扩大,饱和交通流区域S不断缩小。又经过时间T_1,当饱和流区域的上边界到达事故点断面2时,路段的交通流状态又彻底恢复到了事故前的状态。

二、交通拥堵的传播原理

在上述分析的基础上,这里首先讲述交通拥堵在交通网络中的传播原理。在道路瓶颈上游附近,一般来说,来自上游的交通流量通常会远远大于下游瓶颈处的通行能力(图4-8b中截面1和2的流量),因此在瓶颈上游附近路段上我们会观测到两个密度截然不同的交通流区域:一部分是紧邻瓶颈的拥堵流区域,或称高密度区。在该区域内,交通流的密度极大,速度非常低,所有的车辆几乎处于慢行甚至静止状态;另一部分是上游畅通流区域,或称低密度区。在该区域内,车流的密度低,车辆以较高速度行驶。在图4-8b中,拥堵流区域用J表示,而自由流区域用F表示。

自由流与拥堵流之间的边界被称为拥挤回波(congestion shockwave)。在图4-8中,该回波的位置用断面3表示,该回波的速度用v_1表示。更一般地,任何两个交通密度截然不同的交通流区域之间都会产生密度回波(shockwave),回波的速度则由其两边的车流密度和车流量决定。所谓车流密度,就是在某一个瞬时,单位道路长度上行驶的车辆数目,一般用车/km或车/m表示。所谓车流量,就是路段某断面在单位时间内通过的车辆数,一般用车/h表示。

传统的交通流理论的一个主要研究内容就是如何计算密度回波的速度和位置。例如在图4-8b中,我们可以通过计算拥堵回波的位置来估计拥堵流区域随时间向上扩散的情况，即拥堵队列的长度变化。此处，我们先从图 4-8b 所示的情况出发，介绍交通流密度波理论中最为重要的一个条件 Rankine-Hugoniot 跃变条件。该条件给出了计算密度波移动速度的公式。然后利用该跃变条件和基本图理论，给出拥堵流向上游扩散的数学和图形解释。

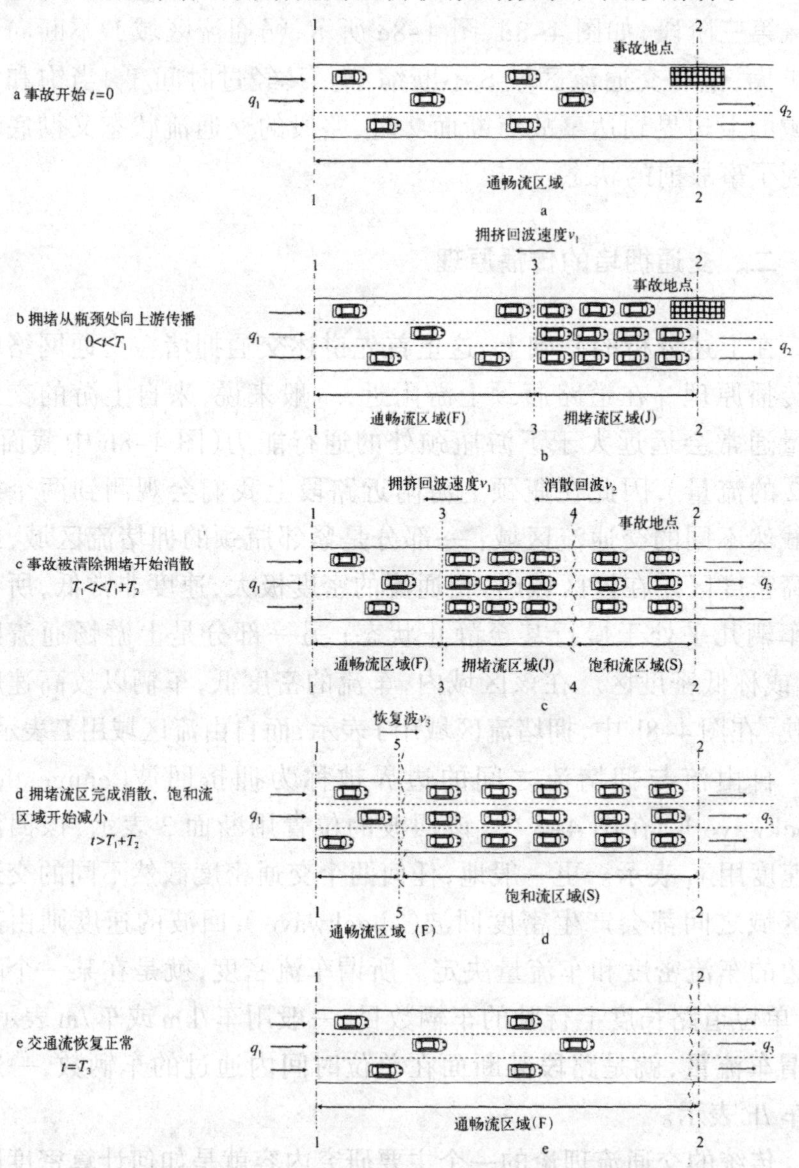

图 4-8 城市快速拥堵的产生、传播与消散过程图

图 4-9 所示为图 4-8b 的放大图。为分析方便,拥堵交通流 J 用深灰色表示而自由交通流 F 用浅灰色表示。为了计算拥堵回波的速度,我们首先定义几个基本的交通流状态量。畅通流和拥堵流区域的交通流密度分别为 K_1 和 K_2,畅通流和拥堵流的交通流量分别为 g_1 和 g_2。Rankine-Hugoniot 跃变条件给出了拥挤回波速度 v_1 可以由 K_1 和 K_2 以及 g_1 和 g_2,通过公式(1)计算。

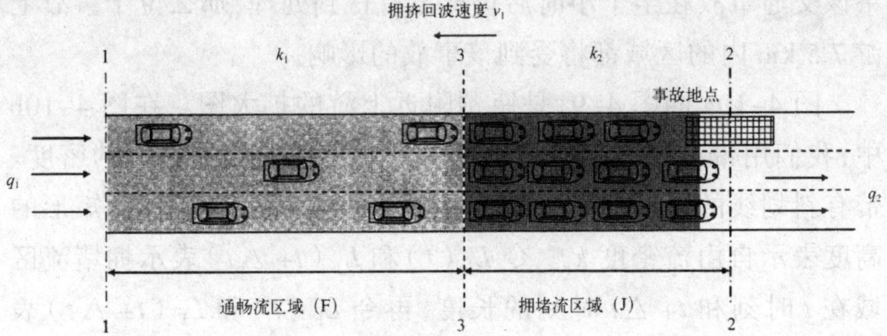

图 4-9　拥堵回波传播扩大示意图

公式(1):

$$v_1=\frac{q_1-q_2}{k_1-k_2}$$

公式(1)表明,拥挤回波的速度等于上下游区域流量之差与密度之差的比值,即上下游流量之差越大或密度之差越小则拥挤回波的速度越大,而交通拥挤向上游扩散的速度越快。在极限状态,如果瓶颈处的通行能力 q_2=0,即拥堵区的密度接近理论最大值 K_2=Kjam,那么根据公式(1),速度 v_1 可以表示为:

公式(2):

$$v_1=\frac{q_1-q_2}{k_1-k_2}$$

上式中,因为 q_1 中,因为 $q_1>q_2$ 而 $k_1<k_2$,说明拥堵回波速度 v_1 一定是负的。即拥堵向着上游方向传播。

下面我们来举一个简单的例子来说明公式(1)的应用。假设上游畅通流区域的流量为 5400 车 /h(三车道),而下游瓶颈处的通行能力因为事故原因降低为 3600 车 /h，畅通流和拥堵流区域的密度大约分别为 80 车 /km 和 200 车 /km，那么拥堵回波速度 v_1 将以下面的速度向上游传播：

$$v_1 = \frac{5400 - 3600}{80 - 200} = -15 \text{ km}/h$$

即交通拥挤区域将以 15 km/h 的速度向上游传播。因此如果该交通事故在半个小时后仍然没有得到处理，那么位于事故上游 7.5 km 内的区域都将受到该事故的影响。

图 4-10a 同图 4-9，是瓶颈附近上游的扩大图。在图 4-10b 中，我们用带有阴影的矩形的高度表示不同交通流区域的密度。带有斜划线的矩形的高度表示拥挤流密 K_2 而带有圆点的矩形的高度表示自由流密度 k_1。令 $L_J(t)$ 和 $L_J(t+\Delta t)$ 表示拥堵流区域在 t 时刻和 $t+\Delta t$ 时刻的长度，再令 $L_F(t)$ 和 $L_F(t+\Delta t)$ 表示自由流区域在 t 时刻和 $t+\Delta t$ 时刻的长度。假设拥堵回波具有速度 v_1，那么 $L_J(t)$、$L_J(t+\Delta t)$、$L_F(t)$ 以及 $L_F(t+\Delta t)$ 之间具有以下关系(从图 4-10b 中可以看出)：

公式(3)

$L_J(t+\Delta t)=L_J(t)+v_1\Delta t$

$L_F(t+\Delta t)=L_F(t)+v_1\Delta t$

令 $N_J(t)$, $N_F(t)$, $N_J(t+\Delta t)$ 和 $N_F(t+\Delta t)$ 分别表示拥堵流和自由流区域内在 t 和 $t+\Delta t$ 时刻的车辆总数。Rankine-Hugoniot 跃变条件的中心思想就是车辆总数守恒，即区域 J 和 F 的总车辆数在时间段 $[t, t+\Delta t]$ 之内的变化值应该等于同一时间段上游进入车辆数与下游离开车辆数的差值。即：

公式(4)

$q_1\Delta t-q_2\Delta t=N_J(t+\Delta t)+N_F(t+\Delta t)-N_J(t)-N_F(t)$

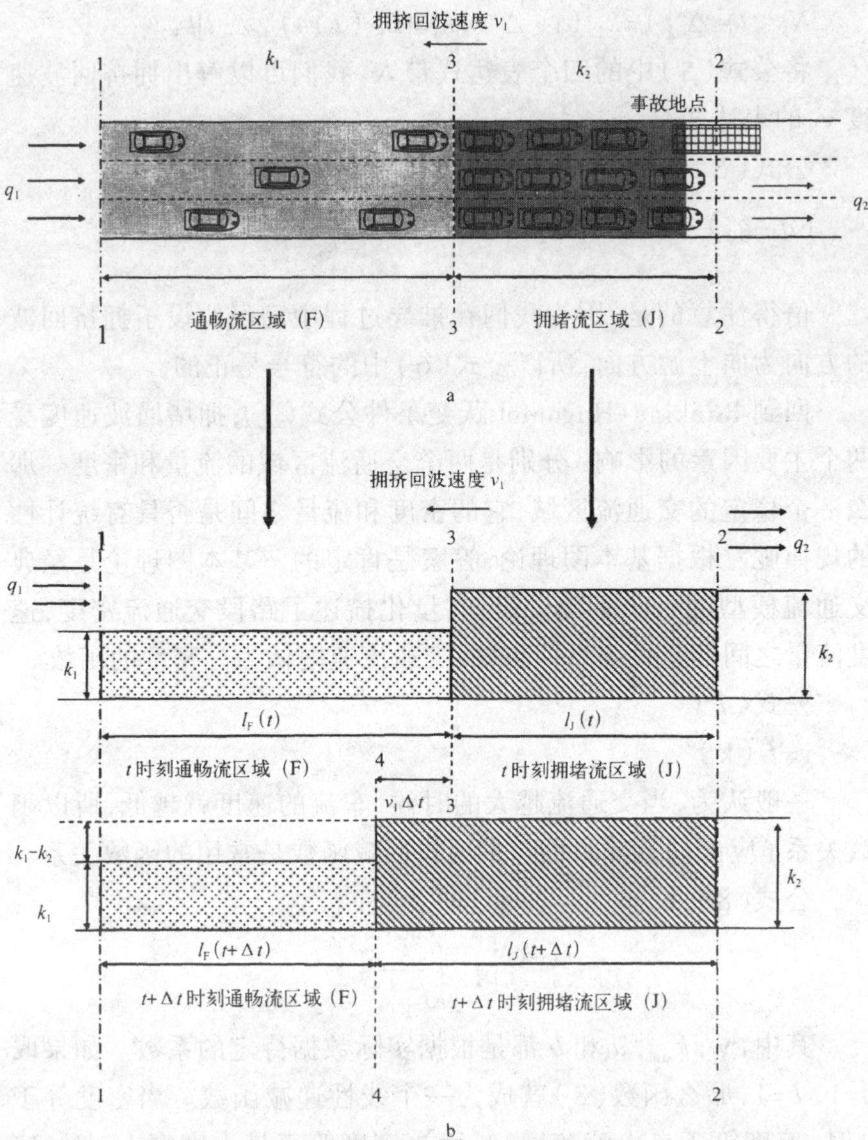

图 4-10 拥堵流区域与自由流区域从某时刻 t 到 $t+\triangle t$ 的密度变化图

而根据交通流密度的定义，可以将拥挤流和畅通流区域内部的车辆数写成它们各自密度和长度的乘积。即：

公式(5)

$N_J(t)=L_J(t)k_2$

$N_F(t)=L_F(t)k_1$

$N_J(t+\triangle t)=L_J(t+\triangle t)k_2=[L_J(t)+v_1\triangle t]k_2$

$N_F(t+\Delta t)=L_F(t+\Delta t)k_1=[L_F(t)+V_1\Delta t]k_1$

将公式（5）中的四个表达式带入，我们可以解出拥挤回波速度 v_1 的表达式：

公式（6）

$$(q_1-q_2)\Delta t=(k_1-k_2)v\Delta t\rightarrow v=\frac{q_1-q_2}{k_2-k_1}$$

值得注意的是，因为我们在推导过程中已经假设了拥挤回波的方向为向上游方向，所以公式（6）中的符号是正的。

回到 Rankine-Hugoniot 跃变条件公式（1），拥堵回波速度受两个主要因素的影响：分别是两个交通流区域的流量和密度。那么一个稳定的交通流区域，它的密度和流量之间是否具有统计性的规律呢？根据基本图理论，答案是肯定的。基本图理论是经典交通流模型的一个基础假设，它量化描述了路段交通流密度，速度流量之间的量化关系。首先，交通流速度认为是密度的函数。

公式（7）

$v=f(k)$

一般认为，当交通流越大的时候，车流的速度就越低，所以函数关系 f 应该是递减函数。多项式递减函数是常用的函数关系。

公式（8）

$$v=v_f\left[1-\left(\frac{k}{k_{jam}}\right)^a\right]^b$$

其中，v_f, k_{jam}, a 和 b 都是根据实际数据待定的系数。如果取 a=1, b=1，那么函数（8）就成为一个线性递减函数。当密度等于 0 时，速度等于自由流速度 v_f；而当密度等于最大密度 k_{jam} 时，速度等于 0；当车流密度处于两个极值之间时，速度随着密度呈线性递减。图 4-11a 呈现了线性的密度—速度关系曲线。

交通流中另外一个基本原则就是车流流量、密度和速度之间的关系。车流量 q 等于密度 k 和速度 v 的乘积。

公式（9）

$$q=k\cdot v$$

结合公式（9）和密度速度函数（8），我们可以将流量也表达成密度的函数。

假设线性密度—速度函数，流量就是关于密度的二次抛物线函数。

公式（10）

$$q=k \cdot v=kv_f\left[1-\left(\frac{k}{kjam}\right)\right]=\mathrm{k}\mathrm{v}_{\mathrm{f}}-\frac{v_{\mathrm{f}}k^2}{k_{\mathrm{jam}}}$$

图 4–11b 为公式（10）的示意图

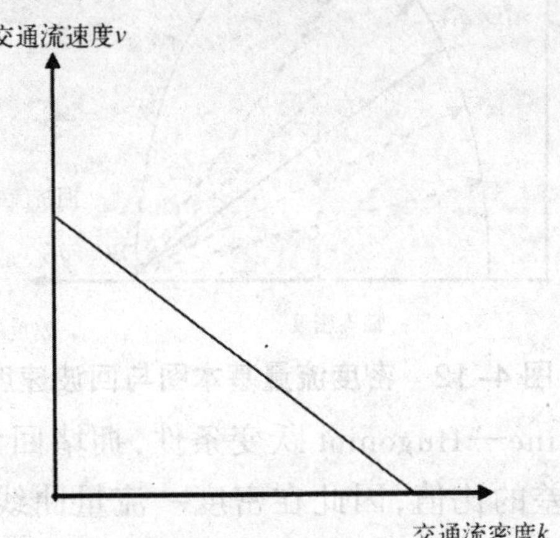

图 4–11a　线性交通流密度—速度示意图

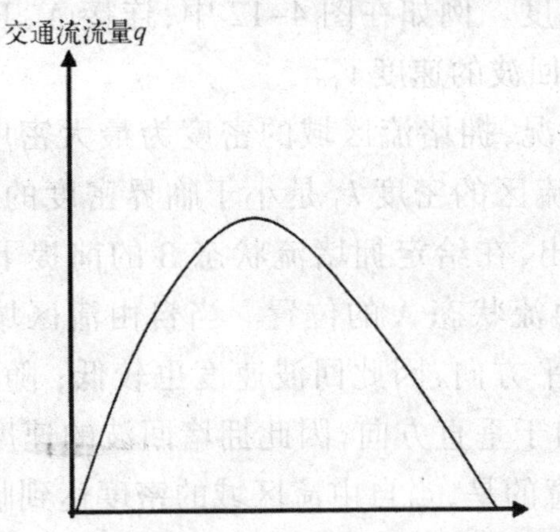

图 4–11b　二次抛物线密度—流量示意图

上述的基本图理论和密度波的计算有着内在的联系。首先交通流密度—流量曲线上每一个点都代表了一个交通流状态。以图 4-12 为例，自由交通流区域 F 和拥挤交通流区域 J 的交通状态分别对应了抛物线上的 A、B 两点。

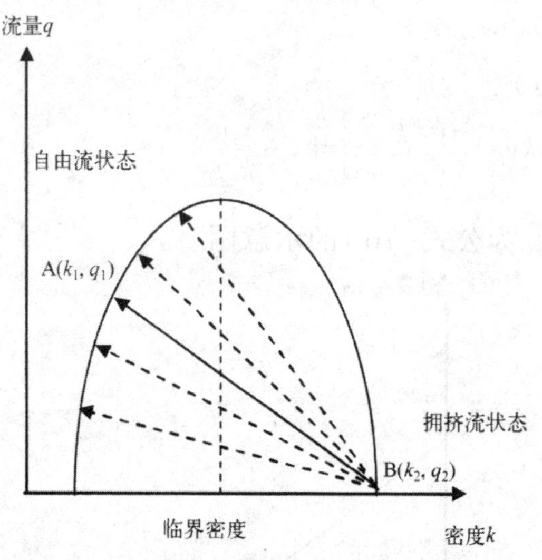

图 4-12　密度流量基本图与回波速度

根据 Rankine—Hugoniot 跃变条件，拥堵回波的速度为流量之差与密度之差的比值，因此在密度—流量曲线上，连接任意两个交通流状态点之间的弦的斜率就代表对应于这两个交通流区域之间的回波速度。例如在图 4-12 中，连接 A、B 两点的弦 AB 的斜率就是拥堵回波的速度 v_1。

假设极限情况，拥堵流区域的密度为最大密度 $k_2=k_{\text{jam}}$，其流量为 $q_2=0$，自由流区的密度 k_1 是小于临界密度的任意值。通过图 4-12 可以看出，在给定拥堵流状态 B 的前提下，拥堵回波速度 v_1 取决于自由流状态 A 的位置。当自由流区域密度很低时，弦 AB 倾向于水平方向，因此回波速度也较低；随着自由流密度增大，弦 AB 倾向于垂直方向，因此拥堵回波的速度逐步增大（图 4-12）。值得注意的是，当自由流区域的密度达到临界密度时，拥堵以最大的速度向上游传播。

上述图解法也可以推广到计算任何两个流状态之间的回波速度。

三、交通拥堵的消散特性

以上详细讲述了交通拥堵向上游传播的原理。现在说明交通拥堵的消散特性。回到描述整个过程的图 4–13。事故发生后经过一段时间被清理，因此瓶颈断面 2 处回复了原有的通行能力。之后整个路段就进入到了拥堵的消散和交通流的恢复阶段。

在消散阶段，从原有事故断面 2 处，拥堵交通流以一定的饱和交通量 q_3 开始疏散。一般认为饱和交通量是该路段可以达到的最大交通流量，即基本流量图的顶点 C（图 4–13）。由于拥堵交通流区域 J 的车辆不断地开始向下游加速，饱和交通流区域 S 的范围不断扩大，该区域与自由流区域的上游边界即为消散回波的位置。消散回波以速度 v_2 向上游传播。通过图解法（图 4–13），我们可以看出消散波速度 v_2 大于拥挤回波速度 v_1，因此经过一段时间后，拥堵流区域完全消失。此时，拥堵队列完成了消散，而在自由流区域和饱和流区域之间形成了一个新的波，叫恢复波（见图 4–14、图 4–15）。当恢复波到达原事故点断面 2 时，路段的交通流状态又彻底恢复到了事故先的状态。恢复波 v_3 也可以通过图解法得到，该波速度是向下游方向的。

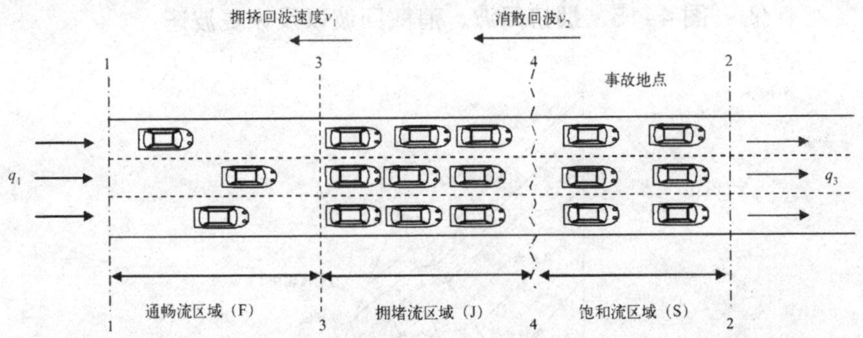

图 4–13　消散阶段额三个交通流区域以及拥挤回波、消散回波的位置示意图

下面我们用一个完整的时间空间车辆轨迹图来描述一下整个拥堵的发生，传播与消散过程（图 4–16）。

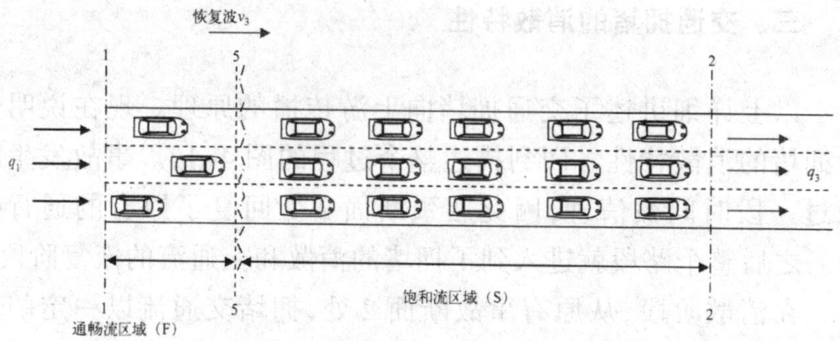

图 4-14　恢复阶段的恢复波示意图

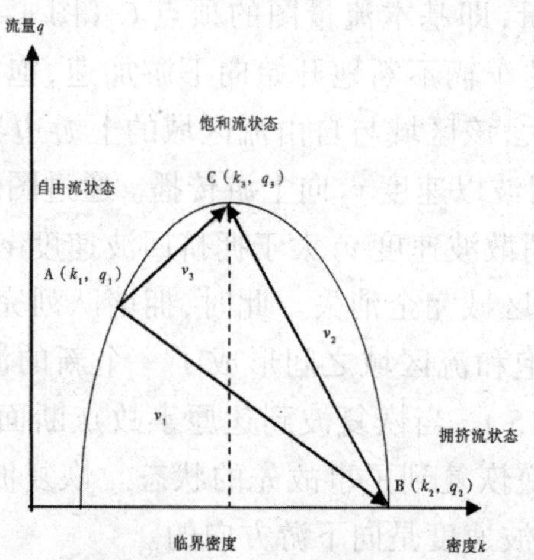

图 4-15　拥挤回波、消散回波以及恢复波速

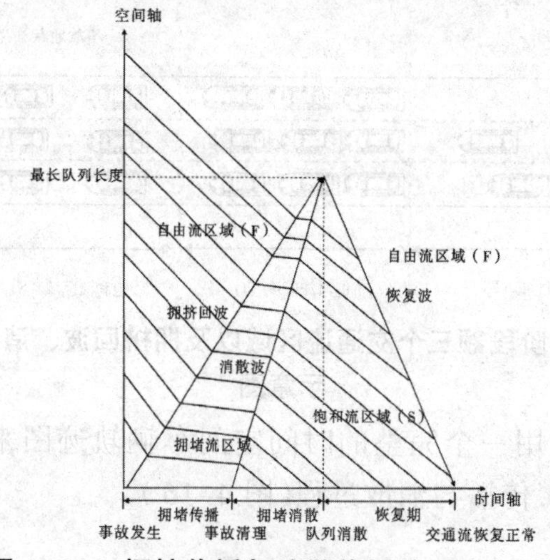

图 4-16　拥挤传播与消散传播的时空相位图

第三节 我国城市道路交通拥堵原因分析

一、交通拥堵成因分析

(一)交通需求增长迅速

1. 出行需求增长速度快

首先,随着城市化进程的加快,国民经济的高速增长,我国进入快速城市化阶段,城市数量迅速增加,城市人口迅速增长,城市规模逐渐扩大。根据中华人民共和国国家统计局(2013)可知,从2003年开始,我国经济增长率一直在10%的平台上加速。截止2012年末,全国人口总数13.54亿。其中,城镇人口占全国总人口的52.57%。2003—2012年城镇人口的年均增长率达到3.55%。城市人口的迅速增长对城市交通设施形成巨大冲击,最明显地表现在出行需求的增加上。

其次。随着城市化进程的加快,城市规模的逐渐扩大造成了居民出行范围的扩大和出行距离的增加。

2. 小汽车拥有量急速增加

近年来,我国机动车保有量进入了高速增长阶段。一方面,20世纪90年代以来,随着经济的迅速发展,城市居民的可支配收入显著增加,居民的购买力明显增强;另一方面,随着国家汽车产业政策的颁布,国产汽车生产进入规模化生产阶段,轿车销售价格大幅度下降,大大地刺激了人们对小汽车的购买需求。在上述双重因素的共同驱动作用下,我国城市汽车保有量迅速增长。以北京为例,根据交通管理部门数据统计,2011年底北京市机动车总保有量已达到498.30万辆,近十年来平均年增长率为13.00%;私人小汽车保有量达到389.70万辆,近十年来平均年增长率为20.33%。2012年六环内日均出行总量达3033万人次(不含步行),比2011年底(2873万人次)增加了160万人次,增幅为5.6%。小汽车出行量为990万人次/日,比2011年底增加42万人次,占总出行量的32.64%(BTRC,2013)。2017年全国民用汽车保有量21743万辆(包括三轮汽车和低速货车820万辆),比上年末增长11.8%,其中私人汽车保有量18695万辆,增长12.9%。民用轿车保有量12185万辆,增长12.0%,其中私人轿车11416万辆,增长12.5%。

(二)交通供给不足

1. 道路基础设施建设滞后

在我国的城市交通中,道路等级偏低、道路网密度偏低是一个普遍存在的问题。我国道路建设水平一直处于低水平状态,近年来开始有较快的发展。虽然道路建设状况已有明显改善,但是其建设仍然处于相对落后的水平。道路建设速度难以满足城市交通需求量的增加速度。

2. 公共交通发展速度缓慢

近些年来,虽然大力发展公共交通、实行公共交通的政策已在社会上取得共识,但政府对公共交通的重视不够,对于公共交通的投资偏少(相对于城市道路设施投资来说),各种公交优先政策实施力度不大,造成了我国大城市的公共交通的不发达,在出行中所占比例较小。大部分大城市的公共交通出行比重都在20%以下,公共交通在城市交通当中的主导地位未形成。

3. 城市交通结构不合理

许多城市对于大型交通基础设施建设如轻轨、地铁、高架等表现出足够的兴趣。有的城市热衷于新建步行街、主干道、高速路等。许多城市还是仅仅把城市交通规划问题作为5～10年总体规划过程中的一项子专题单独进行阶段性的研究。目前,我国

668 个城市中，系统做过交通调查及相对完整的城市交通规划的城市却不足 50 个。

修建或新建道路时，若不从交通系统的整体均衡出发，主、次干道和交通性支路分配不足、各种交通方式的衔接不够到位都会导致新的交通拥堵瓶颈的产生。

(三) 社会因素

1. 城市规划布局不够合理

从城市布局来看，我国大多数城市主要是单中心结构。十几年来，随着经济社会的发展，这种现象不但没有缓解，还出现进一步加剧和聚集的现象。中心区也出现“摊大饼”的发展趋势。中心区的这种高密度、高强度开发导致市中心区交通需求过大，交通流在中心区高度聚集，道路交通等城市基础设施严重超负荷运行，同时又产生了一系列的城市环境问题，不利于城市的健康发展。近几年来，虽然大多数城市已注意到这个问题，并在总规划中调整城市布局，采用分散组团式和多中心等城市布局，但由于郊区和卫星城发展过慢，且功能较为单一，难以摆脱对中心城的依赖，无法起到分散和减轻中心区交通压力的作用，反而易导致连接中心城与郊区之间的道路产生拥堵。

在城市发展过程中，大多数城市没有做好土地利用与交通设施建设之间的协调，造成土地利用形态不合理或者土地开发强度过高，从而导致交通容量无法满足交通需求，引发交通拥堵。在土地开发模式上，大多数城市主要是以房地产市场的开发来带动城市基础设施的建设，这虽有利于解决目前城市基础设施建设资金短缺问题，但由于处理不当，基础设施特别是交通基础设施的建设速度无法跟上房地产的开发速度。从而导致区域交通拥堵。

2. 交通构成复杂

我国的城市交通出行是典型的混合交通出行，这种交通构成与发达国家有很大不同。是否考虑了针对我国交通特点的应对措施，对我国城市在道路交通方面基础设施建设、规划与管理措施策略具有极其关键的作用。

3. 交通参与者交通意识缺乏

左铁镛和辛铁樑（2003）认为由于交通参与者的交通意识差，导致交通违规违法行为频发，同时也是导致交通拥堵产生的一个重要原因。交通违规违法现象主要表现在以下三个方面：

①行人、自行车横穿马路，无红绿灯概念。

②出租车、中巴车违章停放，随意载客。

③机动车道行车秩序混乱，乱停乱放现象严重。

交通违规违法现象造成车辆秩序混乱，道路实际通行能力下降，尤其是交叉口处，违规现象更为明显。交通违规违法现象和不合理道路设计加在一起，一旦道路流量稍大或发生小的突发事件，将立即产生交通拥堵。这是造成在我国机动车数量远远低于发达国家的大城市的情况下，大城市道路上车辆的平均行驶速度却慢的很，道路实际通行能力低得多的重要原因。

另一方面，机动车驾驶员违法现象普遍存在，造成城市恶性交通事故的增加，从而加剧了城市的交通拥堵。特别是随着社会经济的快速发展和人们生活水平的提高，小汽车开始进入家庭，驾驶员培训考试和驾驶证登记注册需求十分迫切。因此，驾驶员的培训和考试要求有所下降，这就造成驾驶员的基本驾驶技能和遵纪守法意识较差，增加了城市交通事故发生的频率。同时，由于驾驶员的交通素质不高，一些轻微的交通事故往往引起车辆阻塞。

经济社会的高速发展，机动化、城市化进程的加快，导致城市交通需求增长快速，也是我国大城市交通拥堵产生的原因。

4. 缺乏科学管理理念

①交通业务政出多门。交通管理的各个部门在城市计划、建筑管理、道路工程、交通管理方面缺乏整合。长期以来，城市规划、城市道路建设和维护、公共运营、道路交通管理以及公路建设、轨

道交通的管理职能分别属于建设、公交、公安、交通、铁路等部门，各部门对解决城市交通问题各行其道，部门之间缺乏必要的沟通和协调。

②交通决策非科学化。一些管理部门领导并不能深刻体会到现代交通对于经济发展的意义和对交通系统均衡发展的必要，容易在项目决策过程中以个人意志代替科学民主，不但不能真正有效地解决好原有的交通问题，还造成了不少新的交通问题和隐患。

二、交通拥堵主要影响因素

交通拥堵不单是一个纯技术性问题，更多地涉及经济、环境、居住、文化和行政等一系列问题。本书将结合交通拥堵的成因来分析交通拥堵的主要影响因素。根据城市道路交通拥堵因素分析的研究表4-1，总结了我国城市道路交通拥堵的主要因素。

（一）城市化进程加快

从宏观上讲，城市道路交通拥堵问题不是偶然事件，而是城市化进程中带有规律性的问题，它表现在两方面。

1. 土地使用不尽合理

由于潜在交通量的存在和城市空间的限制，对土地的需求和矛盾难以解决，城市交通对道路空间的需求无法得到满足。

2. 城市空间布局形态不合理

纵观城市旧城道路发展历程，尽管随着时代的变迁打通和展宽了一些道路，但很多城市棋盘式等路网系统骨架并没有改变，基本延续了历史上原有的道路格局。一旦城市经济发展，交通量增长，这种路网系统便不能适应新的交通需求。

表 4–1 城市道路交通拥堵因素分析

<table>
<tr><td rowspan="15">城市道路交通拥堵影响因素</td><td rowspan="2">城市化进程加快</td><td>土地使用不尽合理</td></tr>
<tr><td>城市空间布局形态不合理</td></tr>
<tr><td rowspan="5">交通方式构成失衡</td><td>机动车增长迅猛</td></tr>
<tr><td>路面公交发展缓慢</td></tr>
<tr><td>缺乏相应的轨道交通方式</td></tr>
<tr><td>非机动出行缺乏有效引导</td></tr>
<tr><td>道路客运市场管理较为混乱</td></tr>
<tr><td rowspan="2">道路结构失衡</td><td>城市道路设施发展滞后</td></tr>
<tr><td>停车场站设施不足</td></tr>
<tr><td rowspan="3">交通管理与规划落后</td><td>交通管理水平较低</td></tr>
<tr><td>交通设施规划布局缺乏足够的科学性和预见性</td></tr>
<tr><td>交通管理业务政出多门</td></tr>
<tr><td rowspan="2">交通法规教育落后</td><td>交通守法意识淡薄</td></tr>
<tr><td>缺乏现代交通公德</td></tr>
</table>

（二）交通方式构成失衡

比较各种交通方式的人均交通面积，如表 4–2 所示，很容易看出公交是较为理想的交通方式。但由于缺乏必要的规划措施，交通方式比例严重失衡，非机动车和小汽车（出租车）比重过高，公交方式发展缓慢，城市客运交通结构也不尽合理，其主要方面归结如下：

表 4–2 城市道路上不同交通方式所占道路面积

交通方式	人均交通面积（m^2/人）	交通面积比（设定小汽车为 1）
步行	0.750	0.025
自行车	8.000	0.267
摩托车	18.000	0.600
小汽车	30.000	1.000
有轨电车	1.500	0.050
微型公共汽车	4.500	0.150
地铁	2.500 ~ 5.000	0.083 ~ 0.167

1. 机动车增长迅猛

随着我国经济的高速发展。居民收入的不断提高,车辆价格的逐步降低,机动车拥有量迅速增加。

2. 路面公交发展缓慢

近年来,各大城市中私人小汽车快速增长,而公共交通却发展缓慢,导致交通拥堵以及道路交通事故的增多,同时带来城市污染、噪音等公害。乘车难、行路难已成为严重的社会问题。严重的交通拥堵当中最受影响的是公共交通的乘客。

我国城市公共交通发展缓慢主要表现在以下五个方面:

①居民可用于出行的交通方式太少。

②公交车辆的发展落后于城市的发展。

③线网布局不够合理。

④线路站点布局不科学,换乘衔接不协调。

⑤管理落后,公交服务质量不高。

3. 缺乏相应的轨道交通方式

在现代化城市中,城市轨道交通(如地铁,轻轨)成为城市交通的骨干。但是,由于经济水平和技术经验所限,我国目前只有少数城市建设了轨道交通,且路网密度低,负荷高,服务质量不高。

4. 非机动出行缺乏有效引导

自行车行驶的随意性较大,道路利用率较低,同时又缺少合理的规划与管理。因此,在机非混行的路段及交叉口,自行车通行与机动车通行相互干扰,影响道路通行效率,这也是造成交通拥堵的原因之一。

5. 道路客运市场管理较为混乱

我国道路运输业竞争极数偏多、集中度过低,又缺乏主导整个运输市场发展的大规模客运企业的市场,既不能优化运输产业结构,提高道路运输行业的整体素质,又不能保障道路运输业的可持续发展，提高道路运输企业的市场竞争能力，对道路交通也构成了一定威胁。

（三）交通管理与规划落后

从我国城市交通拥堵演变的过程来看，城市交通拥堵问题还在于城市交通没有统筹协调、科学规划，交通管理水平落后。

1. 交通管理水平较低

交通管理水平较低将会导致以下的问题：

①混行交通、非法侵占道路现象严重。

②交通标志标线不完善。

③交通信号缺乏科学的和针对性的研究。

④交叉口交通混乱，通行能力降低。

2. 交通设施规划布局缺乏

根据交通管理部门反映，凡是交通设计不合理的地段，往往就是交通疏导的难点所在。

3. 交通管理业务政出多门

长期以来，由于城市规划、城市道路建设和维护、公共运营、道路交通管理以及公路建设、轨道交通的管理职能分别属于建设、公交、公安、交通、铁路等部门，对解决城市已有交通问题各有各的想法，部门之间缺乏必要的沟通和协调，令人无所适从。

第四节　城市交通拥堵对社会经济的影响

一、交通拥堵对社会经济的直接影响分析

（一）交通拥堵对社会的直接影响

本节将从交通拥堵对影响范围内人口分布、人口流动距离及

人口流动速度等方面来讨论交通拥堵对社会的直接影响。

1. 可达性的含义

关于“可达性”的含义，一直都比较模糊，很有争议。Hansen、Karlqvlst 等人均对此做过定义和阐释。Hansen 首次提出了可达性的概念，将其定义为交通网络中各节点相互作用的机会的大小。可达性是一个空间的概念，反映了空间实体之间克服距离障碍进行交流的难易程度。可达性具有社会和经济价值，较高水平的可达性与高质量的生活、满意度、吸引力等相关联，但归根结底，可达性用时间来衡量。它的高低取决于人的移动性，即人的移动能力和由于移动而达到目的的机会。而人的移动能力和到达目的地的机会排除人们自身因素外（如身体健康程度、贫富状况等），直接与采用的交通方式、道路通行能力、交通基础设施的质量、交通网络的完善程度相关。因而评价各区域的可达性水平，一方面可以从空间角度，即由于某区域在地理空间区位上比其他区域更为靠近某交通设施，因此可达性较高；另一方面从社会经济角度，由于物质基础、资金能力和时间资源等方面不同，临近两区域间即使同处大型交通设施沿线，也将表现出不同的可达性水平。城市交通不仅能够拉近城市功能区之间以及与其他城市的时空距离，使两地旅行时间大幅度缩短，人们的日常通行范围得以扩大，外出办公、旅行更加便捷，是沟通城市不同功能区的主要手段。作为运输大通道的重要组成部分，城市交通的建设在改善功能区可达性等方面所起的作用，将根本上改变目前现有交通模式下交通设施不足造成的拥堵瓶颈，大大增加道路的实际容量和通行能力。

2. 交通拥堵对人口分布的影响

交通拥堵会导致城市功能区之间连接障碍，成为城市布局的主要影响因素，当某一个阻塞节点蔓延以后，居民为了减少其出行成本，必然会选择在其工作或学习的周边进行居住，而由于我国城市发展的特色，老城区集中了大部分的优秀企业、学校和医院等,这就使城市居民逐渐向老城区集中,老城区本身容积有限,且交通规划落后,会造成交通的进一步恶化,形成长期严重拥堵。

3. 人口流动

(1)人口的流动量。主要体现在城市人口流的变化,交通拥堵的出现将会影响城市功能区之间人口的流动,如果发生严重拥堵时,城市交通基本处于瘫痪状态,交通流为0,城市不同功能区或城市之间的客运能力将大幅度下降,而这种流动又是人们出行的前提条件。增加人口流动的阻力,相当于直接减少了人口流动量。

(2)人口流动距离。人口流动量的变化不能够反映人口流动距离的变化情况,而客运周转量的变化可以科学地反映人口的出行距离变化情况。人口之间的客运周转量是由道路长度和运输效能决定的,只要交通通行速度快,道路容量大,运输效率就会提升,周转量也将增加,所以随着交通拥堵指标的增加,周转量呈反向变化。

(3)人口流动速度。由于居民的一次出行总时间包括了行车时间、上下车时间、候车时间等若干部分,交通拥堵对于城市交通速度的影响,将会降低运行速度,进而使居民的总出行时间增加,而且城市公共交通不能满足随到随走的特性,就使得城市居民一次出行时间进一步增加。

(4)人口迁移。城市交通拥堵将影响到城市交通的顺利运行,会导致城市吸引能力下降,城市人口迁入率减少,迁出率增加,形成城市人口的负增长,降低城市活性。因此可以说交通拥堵对于城市人口总数具有负效应。

(二)交通拥堵对环境的直接影响

交通对环境的直接影响主要体现在噪声、排放、颗粒物等方面,众所周知,任何一种运输方式都会对环境产生直接影响。以北京市为例,各区县建成区道路交通噪声平均值范围为

62.3 ~ 74.0 dB,其中市区建成区道路交通噪声平均值为69.9 dB,远郊区县建成区道路交通噪声平均值为68.9 dB。道路交通噪声污染主要集中在新建、扩建道路上。

而在排放方面,由于交通拥堵的产生,汽车占用道路时间增加,消耗的汽油或柴油也同时增加,带来的汽车尾气排放物中有害气体主要包括一氧化碳(CO)、碳氢化合物(HC)和氮氧化物(NOx)等。它们对环境的污染主要表现为产生温室效应,破坏臭氧层,产生酸雨、黑雨等现象。对人体的危害主要表现为造成各种疾病,严重损害呼吸系统,并且具有很强的致癌性。交通来源颗粒物是影响交通路口污染水平的首要因素,颗粒物中Al、Ca、Fe和Mg等元素主要来自机动车行驶带来的道路可扬尘,而Cu、Pb等元素主要来自机动车的排放。交通排放是大气颗粒物中非烃类化合物的重要来源之一,非烃类化合物主要富集在粒径较小的粒子中,细粒子中的非烃类化合物主要来源于机动车尾气排放;白天非烃类化合物随机动车流量的增加而增加,夜晚机动车流量减小,但非烃类化合物却高于白天,显示出大型柴油车的主要影响和贡献;非烃类化合物的污染主要表现为酞酸酯和苯酚类化合物的污染。

二、交通拥堵对社会经济的间接影响

交通拥堵对社会经济的间接影响体现在交通拥堵影响因素对社会、经济、资源、环境等方面影响因素有媒介的作用,本节通过分析这四种媒介,阐述交通拥堵对社会经济的间接作用。

(一)交通拥堵对社会的间接影响

交通拥堵对社会的间接影响与其对社会的直接影响有一定的关系。交通拥堵的直接影响是表达城市交通通过人口流动直接影响了地区人口分布和流动状况。间接影响是表达这些人口流动的变化,地区的社会结构和总量也会发生变化,主要表现在人口数量和分布、人口素质和就业水平。

1. 人口数量及分布

人是社会的主体，交通拥堵对社会的影响主要表现在对人的影响。首先是影响区的人口总量的变化。交通拥堵的形成与蔓延使其城市影响区范围内的工作人员不能在规定时间内上下班，工作人员通常会选择更换工作单位或者该单位迁移到交通顺畅的功能区，因此就业岗位在原有基础上会相应减少，这些人的减少，会使交通拥堵影响区内的常住人口数量减少。

除整个影响区的人口总量受到影响外，交通拥堵的形成会使影响区内的人口在功能区之间、城市之间的流动性减缓。这种流动减缓致使影响范围内的人口分布发生变化。人们的上下班时间增加，交通出行难度增加，工作、购物、娱乐耗费的在途时间增加，从而促进了人口从郊区向中心区的迁移。

2. 人口素质

随着知识经济时代的到来，知识广泛渗透到社会一切部门中。技术是知识经济时代的商品，是隐含性知识的载体，当“报酬递减定律”使得土地、资本、劳动力等要素最大化受到限制，技术这一要素得到空前重视。创新是社会发展的重要动力，创新源于知识的积累，能够运用知识实现创新的人是知识分子。按照知识经济的基本观点，知识只能在知识分子的交流中得以发展，只有在使用中才能够派生出新的知识。交通拥堵的产生与蔓延：①大大增加了在途时间，提高了城市功能区之间空间位移的总成本；②大幅度降低了功能区之间的运输能力，降低出行机会和次数；③城市居民心理产生焦躁感，容易产生对社会的不满。这三点使得人员往来减弱、心理焦灼，使高素质高文化从业者不愿意在拥堵功能区工作，从而降低整个功能区的知识水平。

3. 就业

交通拥堵对劳动就业的主要影响表现在：①缓解交通拥堵

需要进行道路的扩建和改造，需要新增工作岗位；②交通拥堵降低了出行条件，增加了出行时间，降低了功能区之间的通达性，从而影响投资环境，减少就业机会；③交通拥堵使功能区域的交通大幅度下降，功能区相关服务行业发展动力不足，减少就业岗位；④交通拥堵对其他行业的影响会减少这些行业从业者的就业机会。

（二）交通拥堵对经济的间接影响

任何一种商品或服务都具有特定的技术和经济特征。运输产品的主要技术经济特征是行车速度、票价水平、安全性、舒适性、可靠性和方便性等，统称为服务特性。在社会经济发展的不同阶段，人们对交通工具服务特性的要求不同；因而客观上每种交通工具都有其适应的社会经济发展阶段。现阶段我国经济高速发展，信息技术快速发展，对实体运输提出了前所未有的要求。

交通拥堵的产生与蔓延，会使城市功能区间出行时间增加，可达性降低，增加了城市功能区间的时间距离和相对城市距离，使城市间空间经济联系降低，从而减缓人流、物流、信息流的速度，阻碍城市化发展。城市功能区的经济总量、产业结构、土地价格等也会因人流、物流、信息流等流动因素产生一定变化。下面从经济总量、产业结构及土地价格等方面讨论交通拥堵对功能区经济的影响渠道。

1. 经济总量

交通拥堵限制了为城市发展所需要的便利的运输条件，增加了社会运输总成本，阻碍城市功能区之间人畅其行、货畅其流的局面。这种局面为区域外部资金的进入创造了不利条件，投资的恶化会使国民收入下降。但投资引起国民收入下降不是一蹴而就的，而是一个过程。

当区域投资减少时，首先城市对物质的消耗会减少，从而使生产这些物品的部门和其他相关部门的就业和收入减少，从而使全社会物质资本生产部门就业和收入减少；其次，物质生产部门就业和收入的减少，会降低在这些部门就业的劳动者收入，这会使电器、服装和食物等消费品以及餐饮、旅游、医疗等服务产品需求减少，使消费品部门和服务部门的生产减少，继而减少这些部门人员的就业和收入；第三，资本物品、消费品和服务业生产和收入的减少引起投资进一步减少。如此循环，使国民收入增加逐渐减缓，社会经济总量增速缓慢。

2. 产业结构

城市产业结构是指城市经济各产业部门在整个城市经济体系中的相互比例关系以及它们内部构成的比例关系。三次产业结构是经济发展的基本结构，其演进是城市经济发展的主要标志。交通拥堵对产业结构的影响主要是通过影响投资、人口流动和劳动力结构实现的。

如前所述，交通拥堵会对投资产生影响，投资会影响产业的经济总量。此外，人员的流动速度和流动量的减缓会对城市功能区三次产业产生深刻影响。

改变劳动力结构。理论上讲，交通拥堵形成以后，城市功能区之间沟通困难，高新技术产业向周边地区迁移，随之带来高素质人才外流，而由于大中型城市第一产业和第二产业受到城市发展限制，已经无法适应新城市建设需求，相应地，劳动力结构必然发生调整，劳动力转移的速度缓慢。

3. 土地价格

交通拥堵还会影响土地价格，土地价格的变化必然带来投资总额的变化。

亚当·斯密在《国富论》中明确提出“分工受市场范围的限制”，他认为只有当市场范围扩大到一定程度时，专业化才能实际出现和存在。随着市场范围的扩大，分工和专业化程度不断提高。正如他所指出：“市场要是过小，就不能够鼓励人们终身业务专一。因为在这种状态下，他们不能使用自己消费不了的劳动生产物的剩余部分。”由此可见,市场范围的扩展是分工发展的必要条件。而劳动分工和专业化程度的提高,会使整个社会的劳动生产率大幅度提高,而从经济学的基本原理可知,其他条件不变的情况下,劳动生产率的提高会带来社会总产值的扩大,即 GDP 的增加。

第五章　城市交通优化策略

城市交通优化是一门涵盖交通发展战略规划、综合交通规划、交通专项规划等，统筹城市交通发展、理论与实践的科学与艺术。本章以城市公共交通为前提详细描写了各种交通的优化策略。

第一节　优先发展公共交通策略

优先发展城市公共交通，既是国际成功经验，也是适合我国国情的合适的交通战略选择。2005年，《国务院办公厅转发建设部等部门关于优先发展城市公共交通意见的通知》（国办发[2005]46号）下发；2012年底《国务院关于城市优先发展公共交通的指导意见》（国发[2012]64号）发布。随着这些国家政策的制定，中央和地方政府陆续出台了一系列经济与产业扶持政策以加快推进公共交通系统建设，城市公共交通优先发展作为一项发展战略得以在我国确立。

优先发展城市公共交通是城市交通发展的核心内容和实现绿色交通的关键，是降低能源消耗、减轻环境污染、减少占地、方便居民出行、实现以人为本交通系统的重要途径。城市公共交通系统作为城市的重要基础设施，与人民群众的生产、生活密切相关，制定好优先发展公共交通相关对策并付诸实施，是城市经济社会全面、协调、可持续发展的重要前提和基础，也是真正实现城市公共交通优先发展的关键。

作为环保节能、集约化的交通运输方式,公共交通能够极其高效地利用交通的通行空间,以个体交通工具所无法比拟的运输效率优势满足城市居民的日常出行需求。公交分担率越高,道路交通越顺畅。所以,从供给系统的角度来说,解决交通拥堵的公交对策的目标就是提高公共交通分担率。提高公交分担率的途径就是两大举措,一是提高公交的服务水平;二是对私家车的使用加以引导和限制。

一、公共交通的种类和技术特性

根据《城市公共交通分类标准》(CJJ/T 114—2007)规定,城市公共交通分为城市道路公共交通、城市轨道交通、城市水上公共交通、城市其他公共交通四类。

(一)城市道路公共交通

城市道路公共交通是城市公共交通的重要组成部分,包括常规公共汽车、快速公共汽车、无轨电车、出租车四种,它们之间既有竞争又相互补充,共同为城市居民出行提供方便、快捷的服务。

1. 常规公共汽车

常规公共汽车是城市居民出行中的重要出行工具。由于是在城市道路上与各种社会车辆混行,其运行速度受其他社会车辆影响,小时单向运输能力通常在5000人次以下。常规公共汽车的技术经济特性见表5-1[①]。

表5-1 常规公交汽车技术经济特性

特性	常规公共汽车
车体长度(m)	8 ~ 18
车辆定员(人数)	20 ~ 80

① 王炜,杨新苗,陈学武,等.城市公共交通系统规划方法与管理技术[M].北京:科学出版社,2002.

续表

特性	常规公共汽车
单向运能(人/h)	小于 5000
速度(km/h)	20 ~ 50
最小曲线半径(m)	10
受电方式	无
造价(亿元/km)	小于 0.2
车辆购置(万元/辆)	10 ~ 100
耗电(kW·h/人·m)	0.28
CO_2 排放量(g/人·km)	15

当前,城市公共汽车的各条线路独立运营、独立管理、独立核算,线与线之间的联系、配合较少,在同一道路上,两条或多条线路往往利用共同站位,对候车乘客形成竞争的局面,而在交叉点上,又难以做到为不同方向乘客提供较为便捷的换乘条件。但公共汽车在线路设置和投资方面非常灵活,不仅可随时开辟新的运营线路,增加新的运营站点,而且可根据需要,随时调整正在运营的线路走向和站点位置,具有灵活方便的特点。

2. 快速公共汽车

快速公共汽车系统既有别于地面常规的公共汽车、无轨或有轨电车交通,也与快速轨道交通不同,它是介乎两者之间,并吸取它们某些优点而形成的一种大众化公共客运交通方式。快速公共汽车的技术经济特性见表 5-2。

表 5-2 快速公共汽车技术经济特性

特性	快速公共汽车
车体长度(m)	18 ~ 25
车辆定员(人)	80 ~ 120
单向运能(人/h)	4000 ~ 10000
速度(km/h)	40 ~ 60
最小曲线半径(m)	15

续表

特性	快速公共汽车
受电方式	无
造价(亿元/km)	0.2 ~ 0.4
车辆购置(万元/辆)	100 ~ 200
耗电(kW·h/人·m)	0.28
CO_2 排放量(g/人·km)	15

(1)运行速度快。由于快速公共汽车在专用道内运行,排除了其他类型车辆的影响,因而具有较高的运行速度。据统计,在运营高峰期间,公共汽车在专用道内的行驶速度可达 25 km/h,而常规公共汽车在高峰期的运行速度一般要低于 16 km/h。

(2)运送能力大。在封闭式公共汽车专用道内,单方向最大客运量可达 4000 ~ 10 000 人/h;其客运能力介乎轻轨交通和常规公共汽车之间。

(3)道路建设投资少。快速公共汽车专用道可以利用现有的公共汽车道加以改造,与其他交通方式相比,投资较少。其投资约为轻轨交通的 1/10,地铁投资的 1/5。

3. 无轨电车

无轨电车作为一种环保的"绿色交通"方式,是大城市交通可持续发展最有效的交通工具之一,无轨电车的服务质量和运载能力均与现代化的公共汽车相同,在车身结构、车厢内部设施以及各种自动化的装备方面,已完全与现代化的公共汽车一致,其技术经济特性见表 5-3。

表 5-3 无轨电车技术经济特性

特性	无轨电车
车体长度(m)	11.2 ~ 11.4
最高速度(km/h)	55
单向运能(人/h)	5000 ~ 8000
适用范围	适合各种距离出行

续表

特性	无轨电车
投资运营成本	较低
动力性能	加速快、爬坡好
环境污染	不排放尾气,无污染,噪声小
能源费用(元/km)	1.44 ~ 1.96

4. 出租车

出租车是城市交通的重要组成部分,出租车的运行路线机动灵活,可以填补常规公交以及地铁、轻轨功能上的不足,正好作为公共客运系统的有益补充。出租车车型属于小汽车车型,其技术条件基本与小汽车相同,如表5-4所示。

表5-4 出租车技术经济特性

特性	出租车
车体长度(m)	3.5 ~ 5.0
速度(km/h)	20 ~ 50
车均能耗[MJ/(车·km)]	3.64
占用道路面积(m^2/人)	10 ~ 20

出租车作为一种特殊的公共交通出行方式,具有随叫随到,招手即停的特点,使用方便、舒适、快捷,而且要比私人小汽车经济,但出租车占用道路资源多,交通污染严重,经营方式特殊,导致出租车行业管理难度较大。

(二)城市轨道交通

作为一种大容量、快捷、安全、高效的客运交通工具,城市快速轨道交通系统在城市客运交通市场所起到的骨干交通作用已被各界所共识。城市轨道交通主要包括地铁、轻轨、有轨电车等,它们具有不同的技术经济特性。

1. 地铁

地铁是城市居民出行采用的主要方式之一，由于其具有专用路权，采用列车编组运行，因此地铁具有明显的速度优势和运能优势，在地铁行驶过程中不存在受路口堵塞、路面交通拥挤等因素影响，其速度可保持快捷。但地铁建设费用昂贵，后期的运营维护成本与收益也很难达到平衡。地铁的技术经济特性见表5-5。

表 5-5　地铁的经济特性

特性	地铁
车体长度（m）	90 ~ 140
车辆定员（人）	800 ~ 1500
单向运能（人/h）	30000 ~ 60000
速度（km/h）	60 ~ 100
最小曲线半径（m）	125
受电方式	接触网或第三轨
造价（亿元/km）	3 ~ 8
车辆购置（万元/辆）	4000 ~ 7000
耗电（kW·h/人·m）	0.58
CO_2 排放量（g/人·km）	0

同时，地铁是城市各种交通工具中最节约用地、土地使用效率最高的交通方式，而且从社会成本角度来讲，地铁和轻轨是比公共汽车和出租车更加经济的交通出行方式。

2. 轻轨

轻轨是一种轻型轨道车辆的快速轨道交通，是介于地铁和有轨电车之间的中运量轨道运输系统，轻轨具有寿命长的特点，车辆一般可以用30年，轨道的大修期限也在15 ~ 25年。轻轨的技术经济特性见表5-6。

表 5-6　轻轨的技术经济特性

特性	轻轨
车体长度(m)	70 ~ 100
车辆定员(人)	200 ~ 600
单向运能(人 /11)	10000 ~ 30000
速度(km/h)	60 ~ 80
最小曲线半径(m)	100
受电方式	接触网或第三轨
造价(亿元 /km)	1 ~ 2
车辆购置(万元 / 辆)	3000 ~ 5000
耗电(kW · h/ 人 · m)	0.39
CO_2 排放量(g/ 人 · km)	0

3. 有轨电车

有轨电车是一种无污染的环保交通工具,其行驶路轨可采用全封闭或半封闭路权或混合路权,有轨电车初期投资低和初期效益高的优势非常明显,有轨电车技术经济特性见表 5-7。

表 5-7　有轨电车的技术经济特性

特性	有轨电车
车体长度(m)	15 ~ 40
车辆定员(人)	120 ~ 200
单向运能(人 /h)	6000 ~ 15000
速度(km/h)	50 ~ 80
最小曲线半径(m)	25
受电方式	接触网或第三轨
造价(亿元 /km)	0.4 ~ 0.9
车辆购置(万元 / 辆)	2500 ~ 3000
耗电(kW · h/ 人 · m)	0.07
CO_2 排放量(g/ 人 · km)	0

（三）城市水上公共交通

城市水上公共交通主要指客运轮渡，客运轮渡是被江河分割城市的一种公共客运交通工具，一般起连接两岸交通的作用，使陆上交通不能直接相通的区域得以沟通。客运轮渡具有载客量大、乘坐舒适、准点、单位耗能少、运输成本低、投资少、见效快的特点，尤其对于经济欠发达、财力有限的城市，支付大桥或过江隧道的巨额建设费用比较困难，发展城市客运轮渡是一种有效利用城市资源的方法。

（四）城市其他公共交通

城市其他公共交通主要包括客运索道、缆车等。客运索道和缆车随着旅游业的发展而逐渐被重视，索道和缆车一般建于山岳型风景区，在山路狭窄、山顶容量有限情况下，建设索道和缆车可以保障游客的人身安全。素道和缆车的建设不仅能加速游客周转、节省游客体力消耗，满足游客特别是中老年游客的需求，而且还可以运输物质，提供平时的工作生活需要以及特殊情况时的应急服务。索道和缆车的建设成本较低，资金回收快，经济效益较好，可以为旅游区吸引更多的游客。

二、不同交通的适用范围

（一）公交优先的意义

面对城镇化、机动化的挑战，人们逐渐意识到交通问题成为制约城市发展的主要因素。城市交通拥堵日趋严重，交通能耗急剧上升，城市交通污染加剧，交通事故死亡率居高，这些交通问题已经严重影响了居民的正常生活。在我国大部分城市，居民出行结构偏向小汽车出行，个体小汽车出行占用道路资源，导致交通拥堵问题更加严重，公共交通服务质量也在下降。

优先发展公共交通，完善公共汽（电）车、有轨电车、地铁、轻轨等公共交通设施，采取一系列公交优先措施，提高公共交通的运输效率，减少城市交通对空气的污染，节约能源。优先发展公共交通能有效缓解城市交通拥堵问题，有利于创建环保、健康、安全的生活环境与和谐的社会氛围。

（二）不同交通方式的技术经济特性

城市交通系统是由多种交通方式构成的综合体系，不同交通方式在其中发挥着不同的作用，彼此之间相互协调，相互补充，相互配合，在满足城市居民出行需要的基础上，共同担负着提高居民出行效率、提高交通服务水平，满足不同群体的不同需求的任务。

城市居民出行可选的交通方式主要有：步行、自行车、公共汽车、电车、轻轨、地铁、摩托车、小汽车、出租车等，不同的交通方式在运输能力和适用的出行距离上存在着差异（表 5-8）。

表 5-8 居民出行主要交通方式特性比较

特性	步行	自行车	摩托车	小汽车	出租车	公共汽车	电车	轻轨	地铁
适应距离（km）	0 ~ 1.5	0.5 ~ 4	1 ~ 12	>2	1.5 ~ 13	2 ~ 10	2 ~ 8	3 ~ 20	4 ~ 30
正常行驶速度（km/h）	2 ~ 4	8 ~ 12	15 ~ 40	25 ~ 50	20 ~ 50	15 ~ 25	15 ~ 20	20 ~ 35	30 ~ 40
可达性	好	好	好	较好	一般	较差	较差	差	差
舒适性	一般	一般	一般	好	好	较好	较好	好	好
安全性	一般	较差	差	较差	一般	较好	较好	好	好

从表 5-8 对主要交通方式特性的分析可以看出，每种交通方式各有其适用条件和相对的服务范围。图 5-1 为城市交通方式适用服务范围示意图，图中显示每种交通方式的适宜的出行距离和客流密度，并就具体交通方式进行了必要的分类。

从图 5-1 可以看出，步行的出行距离很小，适合于比较近的出行，能够适应的平均小时交通出行需求范围比较大；自行车服务的需求强度范围较小，适合于近、中距离的出行；小汽车和摩托车在距离上适用范围较广，但在小时运输能力上有很大的局限性；地铁和市郊铁路等适用于长距离出行，小时运输能力大；公共汽车则适用于中距离、中等运量的出行。

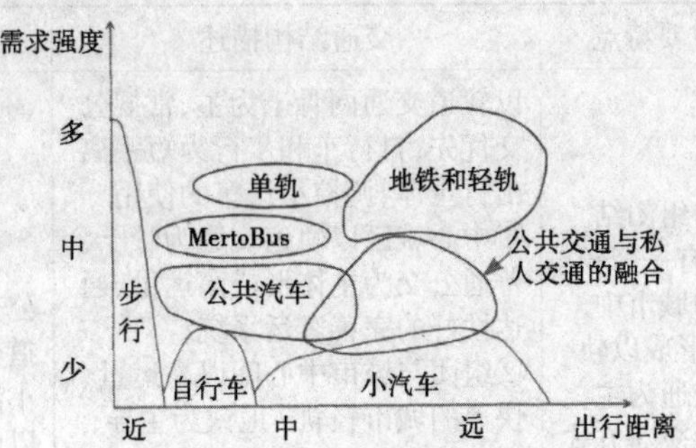

图 5-1 不同交通方式适合和出行距离需求强度范围示意图

三、不同规模城市交通的合理结构

城市交通结构受生产力水平、交通需求特征等因素的影响，而交通需求特性的主要决定因素是城市结构和土地使用形态，也可以用城市规模来粗略地体现。城市规模是指城市的大小，它涵盖经济规模、人口规模和用地规模 3 种含义，根据 2004 年国家统计局按人口对城市规模的划分，城市规模可分为巨型城市、超大城市、特大城市、大城市、中等城市、小城市几类(表 5-9)。

表 5-9 国家统计局城市规模划分（2004 年）

城市规模	人口数	全国此类城市数目
巨型城市	＞1000 万人	3
超大城市	500 万～1000 万人	6
特大城市	200 万～500 万人	25
大城市	100 万～200 万人	72
中等城市	50 万～100 万人	113
小城市	＜50 万人	441

城市规模和用地布局决定了城市交通需求量的大小及其空

间分布，影响着人们对交通方式的选择。同时，不同规模的城市具有不同的合理交通结构，城市才能实现生态、绿色、宜居、魅力等目标，表 5-10 给出了不同规模城市的合理交通结构建议。

表 5-10　不同规模城市的合理交通结构建议

城市类型	主要特点	交通结构描述	建议交通结构值
巨型城市	多为组团结构，有一个较强的城市中心，形成以轨道交通为主，各种交通方式互不排斥、功能互补、紧密相连的交通空间	以轨道交通网骨干为主，常规公交优先，自行车和步行为短距离出行主体，调控小汽车的使用 ①中心城区以轨道交通为骨干，普通公交为主体形成高运量、通达性好的完善客运系统； ②组团与城市中心间以高运量、快速的城市轻轨 / 地铁为主导，保证城市外围区与中心城区的联系，提供强大的通道交通运输能力，支持新城发展； ③组团间形成以轨道交通为主干，快速公交 / 常规公交 / 有轨电车 + 自行车 + 步行为补充的完善的综合公共交通系统	公交：50% 以上（轨道交通占 60%）； 小汽车：10% 以内；自行车：15% ~ 20%；步行：20% ~ 30%
超大型城市	组团结构，有一个较强的城市中心，除应考虑城区内交通衔接，还应考虑外部组团与中心城区的交通联系	轨道交通网 + 道路公交 + 自行车 + 步行 + 综合换乘枢纽 ①组团与城市中心间，组团间以轨道交通为主导，提供强大的通道交通运输能力； ②轨道交通支线、公交干线进入各组团客流集散点； ③组团内以常规公交系统 + 步行 + 自行车系统为主	公交：30% ~ 45%（轨道交通占 10% ~ 15%）； 小汽车：10% 以内； 自行车：20% ~ 25%； 步行：25% ~ 30%
特大型城市	组团之间联系相对紧密，可以有多余一个的城市中心的组团结构，实现组团内居住者工作基本平衡	轨道交通 + 道路公交 + 自行车 + 步行 ①组团间以轨道交通为主导，提供强大的通道交通运输能力； ②轨道交通支线、公交干线进入各组团客流集散点； ③组团内各功能用地间的交通出行以常规公交系统 + 步行 + 自行车系统为主	公交：40% 以上（轨道交通占 10% ~ 15%）； 小汽车：10% ~ 15%； 自行车：25% ~ 30%； 步行：20% ~ 25%

续表

城市类型	主要特点	交通结构描述	建议交通结构值
大型城市	组团结构,组团联系相对紧密,可以有多于一个的城市中心	轨道交通/道路公交+自行车+步行条件具备的情况下可以沿主要客流通道建设大运量轨道交通。轨道之外建立以快速公交为骨干的,常规公交为主导,功能层次明晰、网络布局合理、换乘衔接方便的公交服务体系。引导私家车有序发展,合理使用。重视慢行交通系统建设和完善,为步行和自行车出行创造条件	公交:35%~40%; 小汽车:10%~15%; 自行车:25%~30%; 步行:25%~30%
中型城市	单核圈状结构,划分合理功能片区,避免功能集中某一个片区	常规公交+自行车+步行片区间的交通出行以常规道路公交系统为主导,片区内各功能用地间的交通出行以自行车+步行为主。生态城市单元构成城市的基本单位,单元内完成基本的生活出行,占总出行量的30%,以步行+自行车为主	公交:15%~20%; 小汽车:15%~20%; 自行车:25%~30%; 步行:25%~35%
小型城市	单核圈状结构,居住与生活配套设施同步完善	自行车+步行为主,常规公交为辅,片区间的交通出行以快速公交、常规公交系统为主导; 片区内各功能用地间的交通出行以步行+自行车系统为主	公交:0%~15%; 小汽车:15%~20%; 自行车:25%~30%; 步行:25%~30%

第二节 步行和自行车优先策略

尽可能提高城市居民步行与自行车分担率,是实现生态城市、绿色交通的关键,也是宜居城市以及实现城市社会健康活力的根本保障。城市的理想交通结构是:近距离出行采用步行或自行车,远距离出行利用公共交通。随着城市规模的扩大,城市居民的出行距离越来越长,当城市居民的出行距离超过了步行与自行车的合理出行范围后,只能借助于机动化的出行方式。从这里可以看出,出行者选择什么样的出行方式,既涉及交通出行者的选择行为,也涉及交通的需求特性。

一般来说,随着城市规模的扩大,城市居民的平均出行距离会加大。但是,对于不同的城市结构和土地利用形态,虽然城市规模相同,城市居民的平均出行距离特性却可能会有很大不同。混合土地使用的用地开发模式会大幅度减少城市居民的平均出行距离,从而使得步行和自行车出行方式可能成为城市居民的主要交通方式,欧洲的城市发展过程证明了这一点。

适合步行自行车的应用范围,也不意味着出行者就一定能够采用这种交通方式。解决的方法一方面是提高步行路和自行车路的便捷性、安全性,创造高质量的通行环境;另一方面是通过教育和宣传,提高全体市民对绿色出行的认识,使城市居民从绿色出行中得到快乐,获得出行和健康的综合效益。

选择步行或自行车出行的人多了,道路上的小汽车出行就少了,交通拥堵就缓解了。因此可以说,发展步行和自行车的出行方式,是最节能、最环保、最健康的交通方式,是缓解交通拥堵不可忽视的重要举措。

一、步行与自行车的角色和作用

步行和自行车交通是城市交通的重要组成部分。根据慢行交通的特点,它既是短距离出行中一种独立的出行方式,又是中长距离出行衔接机动化出行方式不可或缺的部分。(图 5-2)不管城市发展水平如何,慢行交通都是居民日常活动需求的重要且不可替代的方式,并且直接影响着居民的居住环境水平和生活舒适度。如,经济十分发达的巴黎,在 105 km^2 的城市核心区,步行分担率高达 54%;经济高度发展的欧洲城市,斯德哥尔摩自行车分担率占 35%,阿姆斯特丹自行车分担率占 34%。我国 20 个城市的统计结果表明,平均步行分担率为 20%以上。因此,在城市综合规划时,根据慢行交通的需求特性和特点,合理设计人行道路网以及慢行系统与公共交通的衔接,规划设计好不同区域的慢行交通系统，对于形成绿色交通系统主导的城市综合交通系统具有重要意义。

图 5-2 慢行交通在城市交通的角色定位[①]

自行车交通是城市交通系统最主要的组成部分之一。在世界范围内，自行车在数量上远远超过了小汽车及其他的交通工具，在中国自行车更是一种最常用、最普遍的交通工具，大部分城市交通模式中自行车交通仍占到 20% ~ 45%。

自行车交通具有行驶灵活，几乎不受道路拥堵的影响，准时性高，存车方便省地等特征。自行车交通的发展，不仅可以有效解决城市资源、城市环境、城市交通等问题，还可以提高市民的身体健康水平，是一种节能、环保、方便、经济实惠的健康低碳交通工具，尤其适用短距离出行。

二、步行系统设计与管理

（一）设计原则

（1）尽量避免与车辆共用通道，以保证行人通行的安全性；

（2）步行路径与步行空间节点紧密连接，以保障步行的连续性；

（3）降低步行交通出行的体能消耗，确保出行目的地的直接、顺畅、可达。

（二）步行系统设计要点

1. 人行道设计

（1）给予人行道足够的路权

给予人行道足够的路权，避免人车混行、人车争道现象，基本

① 夏天．城市区域慢行交通系统化研究 [D]. 北京：北京交通大学，2011.

做到“人有人路，车行车道”，城市交通才能秩序井然，避免冲突。

（2）保证人行道的连续与通畅

增加可用人行道数量能极大提高步行系统内部的连接性，增加步行出行的吸引力。具体措施如下：

第一，有步行需求的地段，以及城市各级道路两侧均要设置人行道及附属设施，方便行人出行和休闲健身，加强慢行路网的连续性；

第二，人行道与车行道平行相邻布设时，路缘石应高出车行道以保持人行道的干净整洁，确保人行道的安全、连续和便捷性，一般相对高度宜为 10 ~ 20 cm；政府加大力度惩治私自占用路侧带空间的违法行为，保证人行道的充畅无阻；

第三，对人行道沿线的公交站台、过街设施进行合理布局，尽可能减少对行人通行带空间的占用，避免人行道上的拥堵。

（3）隔离措施

为了确保行人的安全，在人行道的边缘主要采取铺设路缘石或设置绿化带（行道树及其他的绿化）来隔开人行道与机动车道或非机动车道。其中，设置路沿石隔离法最为常见，通过空间的分离将行人与非机动车隔离开。同时可在人行道上布置一定的绿化带，当人行道宽度达到一定要求时，对行人行走的舒适性有相当大的提高。

2. 过街设施

行人过街设施是连接两条空间分离的人行步道的重要步行设施，过街设施包括地面过街设施与立体过街设施，立体过街又分为过街天桥与地道。为保证步行网络安全和易达，需对其设置形式及布设间距进行选择和优化。

对于一些重要的地点，如重要的交叉口、交通枢纽、商场出入口等人流量集中，又接近交叉口的地点，可以设置过街天桥和地下通道等过街方式。

应根据各区域的步行人群年龄特点，选用不同的过街设施，例如商业区宜采用带有电动扶梯且与周边大型商业建筑相连通的立体过街设施，中小学周围优先采用过街天桥，居民住宅区及公园周边道路则首选平面过街形式。

（三）步行系统管理

1. 加强对占用步行空间的管理

各交通部门要加强对占用步行空间的管理。城管部门要加强对占用步行和自行车交通空间的管理。对随意占用空间的车辆、商铺、搭建物等要进行规范整治；交警部门对驶入或违章停放于非机动车道或人行道的机动车进行严格规范管理，并依法处罚相关人员。

2. 做好设施维护管理工作

做好道路维护、道路清洁和道路绿化方面的管理工作。道路维护方面公用事业部门要在道路维护管理等方面做出明确规定并形成机制，定期对自行车专用道路路面检查维护整修，保持自行车路面的平整通畅。道路清洁方面由环保部门制定相应规范条例及相关清扫标准。道路绿化方面，园林部门要做好对步行与自行车道路环境的绿化工作。

3. 加大宣传与引导

大力宣传倡导绿色交通、绿色出行理念，培养市民的环保意识，鼓励市民出行选择绿色交通出行方式，定期开展步行和自行车交通出行宣传工作。

相关单位组织开展每年一度的“步行出行”等宣传活动，严格限制提倡和鼓励市民放弃小汽车，改用步行出行。将步行交通系统与健身休闲和城市旅游发展联系起来，使人们明白步行交通不仅是一种绿色交通方式，还是一种绿色生活方式。

三、自行车系统设计与管理

充分发挥出自行车出行的潜力，关键在于建立适合的自行车系统。

（一）设计原则

（1）给予自行车足够的路权，保障其安全性；
（2）避免自行车道与行人、机动车之间的相互干扰；
（3）保证自行车通行的连续性；
（4）与其他交通方式相协调；
（5）近期、远期相结合，充分利用现有道路，满足自行车交通需求。

（二）通行能力设计

不受平面交叉口影响时，一条自行车车道的路段可能通行能力按照下式计算：

$N_{pb}=3600N_{bt}/t_f\ (b_{ph}-0.5)$

式中：N_{pb}——一条自行车车道的路段可能通行能力【辆/（h·m）】；

t_f——连续车流通过观测断面的时间（s）；

N_{bt}——在时间段内通过观测断面的自行车辆数（辆）；

b_{ph}——自行车道路面总宽度（m）。

路段自行车车道可通行能力推荐值，有机非分隔设施时为1600～1800辆/（h·m）；无机非分隔设施时为1400～1600辆/（h·m）。

受平面交叉口影响时，一条自行车车道的路段可能通行能力推荐值，有机非分隔设施时为1000～1200辆/（h·m）；无机非分隔设施时为800～1000辆/（h·m）。

（三）自行车系统的设计要点

1. 合理的自行车系统规划

受城市发展历程的影响，我国许多城市过去二十年里在道路规划时往往只注重机动车道路的设计，自行车车道被不断地压缩，导致如今许多城市自行车通行空间严重缺乏，道路条件无法满足自行车系统的需求，自行车通道间的连贯性更是得不到保证。因此，需根据当地居民对自行车体系的实际需求情况，实事求是地制定出发展自行车体系详细具体的规划，建立起合理的自行车系统。

在城市土地利用规划的基础上，根据自行车道周边的用地性质，结合交通需求和安全，实施城市自行车系统内部系统化。通过自行车道将商业、服务业等城市公共服务设施与居民住宅区等直接连接起来，尤其是无公交覆盖的区域，为自行车使用者提供更完善的毛细道路网，以提高路网连续性和易达性。

结合居住区、商业区、休闲服务区、城市交通枢纽及公交站点确定自行车道路等级。例如，在城市核心区之间一般设置一级自行车道，保证自行车路网密度，连接城市各个主要交通区，确保自行车交通方式既能与长距离公交又能与短距离的步行方式形成无缝衔接，在促进“公交出行”的同时，实现自身网络的通达与便捷。

规划的自行车路网应该具有一定的连通性、可达性，避免断头、卡口路段存在。规划要做到功能明确，系统清晰，使自行车出行者能方便、迅速、安全地到达目的地。

自行车交通作为长距离出行的一种过渡交通方式，它与其他快速交通的衔接设计必须得到重视，与城市的公共交通工具应尽量实现无缝衔接。首先，在城市公交车站、地铁站及城际高铁站附近，必须设置足够的自行车停放点；其次，自行车停放点应布设在人流出入口处，实现自行车交通与公交的无缝衔接，形成全面安全、便捷、舒适的城市居民出行交通系统。

2. 建立自行车专用道

建立自行车专用车道，将自行车与机动车、自行车与行人分隔开，无疑是保障自行车出行安全性、舒适性、便捷性的一个重要措施。不但可以减少对机动车的干扰，实现交通的快慢分离，而且能提高路网的整体利用效率。

在自行车流较大的地段设置独立的自行车专用道,可为自行车骑行者提供一个服务水平较高的出行空间。当自行车流量较大时,必然会受其他非机动车辆的干扰,因此需要一条专用自行车道满足交通需求。基于时间和空间需求,自行车专用道设置分为永久性和临时性两类。

永久性自行车专用道又分为两种设置形式,一是依附于机动车道设置,与机动车流向保持一致,利用物理隔离带(如绿化带、分隔栏)实现机非隔离,形成独立的自行车行驶空间,此法通常用于三块板或四块板道路;二是与机动车道实现空间分离,单独开辟一条自行车专用道,采用物理隔离将其与人行道分隔开,严禁其他车辆驶入,保证自行车享有专属通行权,维护道路畅通,此法通常用于存在一条与干道相平行的支路的情况下,实施道路改造。一般双向自行车道宽度不小于 7 m,单向自行车道不小于 4 m。

临时性自行车专用道主要是为满足高峰时段自行车交通需求而设置,其表现形式为在早晚高峰时,道路两侧各提供一个机动车道专供自行车使用,成为临时的自行车专用道,满足高峰时段自行车的通行需求。

建立自行车专用道的目的是便于自行车和机动车实行交通分流,提供安全、畅通、高效的自行车通行环境。建立自行车专用道应与交通规划紧密结合,解决好专用道在交叉口与机动车相互干扰的问题。

3. 实行机非隔离

国外一条机动车专用道的小时通行能力达 1800 ~ 2000 辆汽车,而在我国机动车道上由于机非混行,通行能力仅为每小时 400 ~ 500 辆汽车,平均车速也比国外低 5 ~ 10 km/h。另据调查,受机非混行影响的交叉口,机动车通行能力也平均降低 30% 左右。因此,应采取一定的机非隔离措施。

严格控制机动车驶入自行车道,尤其是自行车流量较大的空间和时间段,机非车道间尽量使用物理隔离,如绿化带、隔离栏,禁止机动车占用自行车行驶空间,保证自行车道有效通行宽度。当自行车道宽大于5 m时,可在自行车出入口处设置路障防止机动车违法驶入。

4. 完善自行车通行的安全基础设施

随着自行车使用量的增加,机非混行、抢道等一系列问题将给原本有序的城市交通带来干扰,降低道路通行能力,加剧城市交通问题。因此,应建立完善的自行车安全设施,保障自行车通行的安全性。

要完善标志标线,做好安全保护与警示,保证自行车通行的安全。自行车道与人行道路面铺装不同,并加以分隔。在与步行道相近时,用绿带隔开或用不同色彩的材料铺砌,以示区别。交叉口、公交停靠站等特殊节点,需进行特殊设计处理,在必要交叉口区域增加自行车左弯待转区,采用自行车二次过街或设置左转专用信号,保证非机动车道的安全、连续。

本着"以人为本"的原则,关注弱势群体的出行需求。针对自行车道的特殊性,按照车道纵坡坡度宜小于2.5%的标准,对于部分路段不符合自行车形式要求,设置警示牌,提示非机动车使用者下车推行或绕行。在适当的位置设立自行车路标指示和停车等设施。

5. 改善自行车停车条件

增加自行车停车位及停车场,改善自行车停车条件。保证足够的自行车存车位,停车设施的合理布局、存取方便、易于管理。自行车停车位一般需设置在醒目且方便的位置,既易于发现,又便于自行车存取。

(四)建立自行车公共租赁系统

有条件的城市可以建立自行车公共租赁系统。

为推动自行车的利用，国内外普遍兴起了公共自行车免费或租赁服务业务。“公共自行车”就是在某个区域内，每隔一定距离规划出一些停放自行车的地点，提供若干免费或租赁服务的自行车。通过“公共自行车管理系统”来管理这些租赁点的自行车，为该区域的自行车利用者服务。每辆自行车都单独有一个可以锁自行车的装置和读卡租车、还车的读卡器，供使用者以自助形式或在管理员协助下使用。

为推广自行车的广泛使用，哥本哈根在1995年推出了一个名为“城市自行车”的自行车短期租赁计划。该计划希望为城市配备足够的“空闲”自行车，以满足“适当距离”的出行需求。为减少城市温室气体排放量，法国巴黎市政府2007年夏天引进一项“自行车城市”计划，截至2007年年底，有2.06万辆自行车散布在巴黎市内新建的1450个自行车租赁站，为市民提供几乎免费的自行车租赁服务。

自行车公共租赁系统可分为生活型租赁系统和观光型租赁系统。

四、自行车系统管理

（1）建立健全自行车管理机构。不但要设置权利相对集中的管理机构，还需要借助街道办事处、居委会、村委会、单位的安全委员会等，由这些基层单位负责进行大量的管理工作，作为交通管理部门的辅助力量。

（2）强化道路管理措施。应加强自行车和机动车辆的管理，防止自行车进入机动车道和机动车进入自行车道，以及机动车占用自行车道的现象。严厉惩罚占用自行车道停车行为，提高市民交通素质。

（3）提高管理手段。利用先进技术，包括IC卡、条码以及给交警配备掌上电脑等，改进管理手段，提高工作效率。先进的技术手段是必要的。公共自行车系统成功的重要因素是方便性，体现在两个方面:一是使用者能够很容易的租车和还车,二是使用者能随时知道使用过程中所需信息。

(4)自行车停车管理。自行车停放是静态交通的一部分,对市容市貌有较大影响。自行车体积较小,灵活便利,经常出现乱停乱放现象。应该实施自行车停车相关管理措施,派专人监督和管理(尤其是市中心商业区),逐步培养居民自律意识。配套建设自行车停车架和遮雨棚,规范自行车停放行为。

表 5–11 配建自行车停车场(库)的标准

序号	类别	单位	自行车
1	高中档旅馆(宾馆、招待所)	车位 /100m^2 客房	0.25
2	普通旅馆(招待所)	车位 /100m^2 客房	0.25
3	饭店、酒家、茶楼	车位 /100m^2 建筑面积	1.0
4	主要外贸、金融、合资企业办公楼	车位,100m^2 建筑面积	0.5
5	普通办公大楼	车位 /100m^2 建筑面积	1.0
6	商业大楼、商业区	车位 /100m^2 建筑面积	1.0
7	购物中心	车位 /100m^2 建筑面积	1.0
8	肉菜、农贸市场	车位 /100m^2 建筑面积	1.0
9	会议中心	车位 /100 座	10
10	电影院	车位 /100 座	10
11	城市公园	车位 /1hm^2	50
12	医院	车位 / 床位	0.2
13	中学、技术学校	车位 /100 学生	60 ~ 80
14	小学	车位 /100 学生	20
15	住宅	车位 / 户	1.5
16	工业厂房区	车位 /100 职工	20
17	仓储区	车位 /100 职工	20

注:每车位按 1.5 m^2 面积计算。本表规划指标根据《城市道路交通规划设计规范》以及公安部与建设部颁布《停车场规划设计规划(试行)》参考设计,为了鼓励自行车的使用本表适当提高了指标值①。

① 陆化普.城市交通规划与管理[M].北京:中国城市出版社,2012.

谈及自行车,很多热心公共交通的学者都认为它是公交的敌人,是造成交通堵塞甚至交通事故的元凶。其实理性的来看,两者并非如此水火不容,存在的即是合理的,自行车长盛不衰必有其合理性。一味封杀自行车的做法已被证明是行不通的,合理诱导才是大计。如果像对待公交车那样也为自行车修筑专用道形成网络,让公交和自行车两者共存,各行其所长,优势互补,把一部分机动车出行吸引到自行车上,岂不对城市的交通和环保都有百益而无一害?现代的城市规划中,土地的综合利用已经被广泛认可,人们的居住地距离工作地点将越来越近,6 km 以内的工作出行将占据城市出行的很大一部分。而自行车的优点和用途在 6km 范围内即使是公共交通也无法替代,在更长距离的出行中,作为公共交通的驳运工具,自行车将为选择公共交通的人们提供很大的便利。

第三节　优化道路网络和合理配置通行空间策略

城市道路不仅是城市中最基本的交通设施,在实现城市空间发展战略、形成城市景观、提高城市防灾能力、方便城市居民交流、建设良好生活环境方面发挥着重要作用,也是协调城市土地使用和交通系统的关键环节。

城市道路具有交通功能、空间功能和文化与交流功能,各种功能相互影响,相互制约,其中交通功能是最主要的功能。道路只有通过形成网络,才能充分发挥它的作用。

优化道路网络和合理配置通行空间需在道路网规划中综合考虑道路的各种功能,注重路网中不同等级道路的合理构成、功能定位和连接关系,确定道路网的形状、构成道路网的各条道路的功能分工,以及各条道路的服务水平,同时对道路通行空间资源进行合理配置,以起到缓解交通拥堵的作用。

一、道路网络交通拥堵对策的种类和作用

道路网作为交通供给中最重要的交通基础设施之一,对缓解交通拥堵起到至关重要的作用。其拥堵对策可分为6个种类。

(1)形成合理的道路网级配结构:可明显提高道路通行能力和通行效率。

(2)形成合理的道路网连通结构:打通断头路、消除交通瓶颈、提高道路可达性、提高网络整体通行能力和通行效率。

(3)形成合理的道路网功能结构:使道路功能定位与周边土地使用性质相匹配,避免不同性质交通冲突,减少交通违法现象,便于形成良好交通秩序,同时为市民提供了良好的交通服务。

(4)打造合理的道路网空间布局:使道路网布局与城市城镇体系规划和城市规划、城市空间发展战略、城市各组团发展规划相适应,满足城市日常交通需求,从宏观层面缓解交通拥堵。

(5)设置合理的道路横断面构成:达到向绿色交通倾斜、优先步行、自行车和公共交通,保障行人和车辆安全快捷通行的目标。

(6)道路网络与绿化景观相协调:使道路网在满足交通需求和保证交通安全的前提下充分考虑绿化景观要素,提升城市生态景观环境品味和重要公共活动空间品质。

二、道理网合理性的含义

道路网结构包括等级结构、功能结构、连通结构和布局结构。第一,合理的道路网络首先要求道路网的层次构成、连通结构合理,功能定位与周边土地使用相协调,空间布局与城市结构和交通需求相一致。第二,城市道路应根据其所在位置、需求特性、周边的土地使用状况等来确定合理的道路红线、功能定位、通行能力、横断面形式和道路资源的分配等。道路宽度应适当,过宽过窄都不合适。第三,城市道路交叉口是影响道路网交通容量的关键。交叉口的通行能力必须与路段的通行能力相匹配,以利于提

高整个路网的通行能力。第四，城市道路要慎重处理好与城市空间、土地开发、历史风貌、遗产保护等之间的关系。

（一）合理的等级结构

等级结构包括道路的不同等级、不同性质道路的道路横断面资源的配置等，道路等级结构的合理性直接影响道路的通行能力和利用效率。按照城市道路设计规范，主干路、次干路、支路等级的比例约为 1：2：4 为宜。

（二）合理的功能结构

城市道路网按其功能可以大致分为交通性（疏散性）路网和生活性（服务性）路网两部分，功能结构实质上就是对交通与土地使用协调程度的反映和指导。

交通性（疏散性）路网要求快速、畅达，避免行人频繁过街的干扰，对于快速的、以机动车为主的交通性主干路要求避免非机动车的干扰；交通性路网必须与公路网有方便的联系，与城市中的居住、公共建筑、游憩等非交通性用地（工业、仓库、交通运输用地）有较好的隔离，同时要求线型尽量顺直。

生活性（服务性）路网要求行车速度相对低一些，并尽量减少快速通行车辆的干扰，有较方便的停车条件，同居民区有良好方便的联系，同时又有一定的景观要求，主要反映城市的中观和微观面貌。

此外，功能结构还应兼顾城市市政管线、绿化、景观、日照、防灾等其他附属功能。

（三）合理的连通结构

合理的连通结构是指道路网中不同层次的道路要依次连接，次干路与主干路相连，支路与次干路相连，要尽量避免支路直接与主干路相连。当路网密度一定时，连通度越高，道路网的连通结构越好。同时要实现路网发展过程中的功能合理转换、等级顺利衔接,促进交通与用地布局的良性互动。

(四)合理的布局结构

城市道路网从布局上通常可分为方格网式、环形放射式、自由式、混合式四种基本形式。不同城市规模、性质、土地使用、交通需求特性情况等决定了不同城市道路网的分布形态。道路网布局应与城市城镇体系规划和城市规划、城市空间发展战略、城市各组团发展规划相适应,满足城市日常运输的需求。

我国城市大多数是稀路网、宽马路。这样的道路网往往会增加绕行距离、降低机动车辆的通行效率、降低行人过街的安全性和方便程度。应适当加密道路网,以适当减小街区物理分块(Block)的规模,使城市街道更温馨、更高效、更方便。

城市道路网结构的合理性主要体现在其对城市交通需求与城市用地服务的影响,表现在:①各级各类城市道路的密度和横断面要匹配;②道路系统的功能分工要合理;③城市道路网与对外交通设施的配合、衔接良好;④城市道路系统与城市用地布局有良好的配合和引导关系;⑤城市道路与城市公共交通系统有良好的配合关系。

优化道路网络和合理配置通行空间是根据道路网合理性的要求,对城市区域内的道路网络进行优化和设计道路横断面,明确主干路、次干路、支路所承担的交通功能,以确保能够充分利用道路资源,确保车辆通行的安全、连续及顺畅。

三、道路通行空间的合理配置

(一)道路红线宽度控制

道路红线宽度的设置是确保道路通行空间的先决和前提。科学合理的道路红线宽度,不仅能实现对土地资源的节约集约利用，还能最大限度地保障道路通行空间、提高道路网通行能力。

道路红线规划要充分考虑城市用地功能、文物保护和交通需求。表5-12是规范推荐的不同等级道路设计速度下的红线宽度。

表5-12　不同等级道路红线宽度

	快速路	主干路	次干路	支路
设计车速（km/h）	60～100	40～60	40	30
红线宽度（m）	60～120	40～70	30～50	20～30
路上交叉口间距（m）	1000～2500	350～1200	150～250	100～200
道路间距（m）	5000～8000	700～3000	350～600	150～250

（二）道路横断面的合理设计

根据绿色交通的规划思路，道路横断面的设计除考虑交通需求外，还应充分考虑生态、人文、景观等因素，在干路上全线实现机非、人非绿色隔离，并合理设计公交专用车道。

1. 道路横断面设计原则

（1）道路横断面设计应在道路红线范围内进行。

（2）横断面设计应遵循以人为本，公共交通、非机动车、行人优先的原则，合理考虑各种车种和行人的路权范围及宽度。

（3）横断面设计应注重道路功能设计，提高城市道路的宜人氛围。

①通过港湾式公交站、公交专用路或专用车道等形式体现公共交通优先性，提高公共交通可达性，方便居民出行；

②干路为满足管线布设等交通功能而增加的路侧带、人行道宽度可设为绿化带，以改善城市景观，提高城市道路的宜人氛围，减轻机动车交通带来的噪声、尾气等环境污染；

③考虑步行友好性，注重街道景观和连续安全的步行系统设计，主次干路须设置分隔带和行人、自行车过街安全岛，以提高道路安全性，体现道路为广大市民服务的最基本功能。

（4）横断面设计应合理确定机动车道宽度，节约道路用地资源，降低工程造价。

（5）横断面设计应考虑近远期结合，合理确定人行道、非机动车道及机动车道宽度，体现城市特色。

（6）各级道路应设置非机动车道和人行道，对于快速路一般应设置辅道以便于非机动车及行人通行，对于特殊情况下快速路可不设辅道。

2. 道路横断面形式

（1）横断面构成及形式

城市道路由机动车道、非机动车道、人行道及分隔设施等组成。路面分隔设施可为绿岛或隔离墩。各级道路横断面形式应符合表 5-13 的规定。

表 5-13 各等级道路推荐的断面形式

道路类别 \ 断面形式	一块板	二块板	三块板	四块板
快速路		√		√
交通性主干路			√	√
生活性主干路		√	√	
次干路		√	√	
支路	√（可根据情况增设机非隔离栏，尤其是在交叉口处）			

（2）机动车道宽度

机动车通行能力主要由机动车道数决定，在道路红线确定的情况下，机动车道数主要由车道宽度确定。机动车道路面宽度应包括车行道宽度及两侧路缘带宽度。

机动车道过宽不仅不能提高道路通行能力，而且还会增加道路建设投资、延长行人过街时间。机动车道宽度在能够满足行车安全和通行需求的基础上适当地压缩其宽度。通过压缩车道宽度不仅可以节约土地，而且可以有利于提高道路空间利用率，增加车道数，也有利于交通安全。

建议城市机动车车道宽度及车道数标准参考表 5-14 规定。

各级城市道路的路缘带宽度应根据计算行车速度确定，快速路的路缘带宽度应为 50 cm，其他道路的路缘带宽度宜为 25cm。

表 5-14　城市道路机动车道宽度及车道数

道路类别		快速路	主干路		次干路	支路
道路功能		交通性	交通性	生活性	—	—
路段单车道宽（m）	推荐值	3.75	3.5	3.25	3.25	3.25
	一般最小	3.5	3.25	3.0	3.0	3.0
机动车道双向车道数		4、6、8	4、6、8	4、6	4	2

注：①《城市道路交通规划设计规范》的车道宽度为 3.75 m，日本和欧美的趋势是适当减小城市道路车道宽度，将 3.75 m 列为上限，通常取 3.3m 为宜，最小为 3 m（日本）；

②一般最小值为条件制约时，考虑机动车交通流车型构成的单车道平均宽度；

③交叉口车道宽度可以小于路段的车道宽度，最小宽度可以为 2.8 m；

④公交专用道为 3.5 m。

（3）公交专用道设置

在城市干路上均应有设置公交专用道的条件，近期一般先设置在客流比较集中的交通性主干路上。

（4）非机动车道宽度和人行道宽度

①非机动车道(不考虑三轮车时)

与机动车道合并设置的非机动车道，车道数单向不应小于 2 条，宽度不应小于 2.5 m；有隔离带时，单向不宜小于 3.5 m；老城区由于条件限制，最少需要 1.5m（一条自行车车道宽 1 m，两侧各需要 0.25 m 路缘带）。有条件时应实现非机动车与机动车、行人的隔离(绿化隔离、栅栏隔离)。

②人行道

一条步行带宽度为 0.75 m，城市主干路上，单侧人行道不少于 6 条步行带（4.5 m），次干路不少于 4 条（3 m），支路不少 2 条（1.5 m）。

（5）分隔带宽度

分隔带按其在横断面中的不同位置及功能应分为中央分隔带及两侧分隔带。按其隔离形式应分为绿岛、隔离墩（栏）及双黄线三种形式。分隔带的设置对保证道路交通安全、提高通行效率、丰富城市景观、满足行人过街需求等都有一定作用，既是为了分离不同交通流以保证交通秩序、效率和安全；同时，也是兼顾考虑港湾式公交车站和交叉口渠化的需要。

次干路以上道路应设置绿岛或隔离墩（栏）式中央分隔带。特殊条件限制时，主、次干路可临时采用双黄线中央分隔形式。各级干路（机动车专用路除外）均应设置两侧分隔设施。分隔带推荐宽度和最小宽度应符合表 5-15 规定。

表 5-15　城市道路分隔带推荐宽度和最小宽度

类别		中央分隔带			两侧分隔带		
计算行车速度（km/h）		≥80	50～60	≤40	≥80	50～60	≤40
绿岛（m）	推荐宽度	4～8	4～6	3～5	4～6	4～6	3～5
	最小宽度	2.0	1.5	1.5	1.5	1.5	1.5
隔离墩（栏）（m）		1.5	0.5	0.5	0.5	0.5	0.5
双黄线（m）		—	0.5	0.5	—	—	—

第四节　无缝衔接的综合交通枢纽策略

一、公交枢纽分级与定位功能

城市交通运输中，存在多种交通方式并存和交通可达性和机动性分层的特征，交通衔接成为整体出行环节运行效率损失最大环节。公共交通枢纽作为交通方式无缝衔接的关键环节，通过交通衔接系统将各种交通方式内部、各种交通方式之间、私人交通与公共交通、市内交通与对外交通有效衔接，发挥交通系统的整体效益。

面向交通功能组织的公共交通枢纽分层总体上可分为两类，一类是城市对外交通枢纽，主要解决城市内外交通的转换问题，作为重要的交通吸引点也担负着大量市内交通的换乘功能，一般包括以铁路、公路、航空等大型对外交通设施为主的综合对外交通枢纽，配套设置轨道交通车站、公交枢纽站、社会停车场库、出租车停车场等换乘设施，以及以铁路、公路等中型对外交通设施为主的一般对外公交枢纽，配套设置轨道交通车站、公交枢纽、社会车、出租车、非机动车停车场，客流集散量较小。另一类是城市公交换乘枢纽，主要服务于市内以公共交通为主体的各种客运交通方式之间的换乘。按照本章所提出的交通衔接系统包括运输系统间中转以及运输系统与集散系统间的中转，城市公交换乘枢纽也可再分为两类，一类是以运输系统中转为主要功能的轨道交通（或 BRT）公交枢纽，以轨道交通（或 BRT）为中转对象，有 2 条以上轨道线路相交或结合的客流集散点，实现轨道交通、公交车、出租车、社会车及非机动车的衔接和换乘，服务于多个片区的客流。另一类是运输系统与集散系统间衔接的换乘枢纽，主要实现轨道交通、常规公交之间的换乘衔接，服务于片区内的客流。具体如表 5-16 所示。

表 5-16　公共交通枢纽分级标准及功能定位

分类	子分类	交通功能	交通设施配置
城市对外公交枢纽	综合对外交通枢纽	服务于内外交通换乘	铁路、公路、航空等综合
	一般对外交通枢纽		铁路或公路以及港口
城市公交枢纽	综合公交运输枢纽	运输系统中转设施，为多个片区服务	轨道交通、P+R、B+R、出租车站点、常规公交
	一般公交运输枢纽	集散系统与运输系统中转设施，服务于特定片区	常规公交

二、对外交通与城市交通的衔接

对外交通设施是城市对外交通的门户,代表了城市交通的形象。便利、快捷、安全的内外交通衔接系统有利于城市内外人流物流的输送和运转,保证城市生产和生活的正常进行。内外交通衔接在规划布局上应做到,保证市内交通设施与对外交通出入口之间具有较短的换乘距离。

铁路客运站和站前广场是城市不可缺少的一部分,汇集了从城市外部进入城市的客流及城市内部通过各种交通方式到达铁路客运站的客流。铁路客运站作为城市大型客运交通枢纽,不仅要处理好市内交通与对外交通的衔接,还要处理好市内交通的换乘衔接,其中公交枢纽站是铁路客运站内外交通衔接的重点。为减少市内交通与对外交通的干扰,不能过多地将城市的公交线路引入铁路客运站并设置公交终点站。轨道交通是大城市铁路客运站重要的衔接方式。在国外城市铁路车站往往集多条城市轨道交通于一体,形成大型轨道交通枢纽。出租车是铁路客运站另一种重要的换乘方式,铁路客运站同样应考虑出租车的衔接,合理设置出租车下客区和候客区。

长途客运站是城市对外公路客流与市内交通的衔接点。长途客运站及相关设施的布置,应保证与市内各种方式换乘的便捷性,并直接在客运站附近设置社会车辆停车场。我国公路长途客运站与市内交通的公共交通衔接方式主要是公共汽(电)车。经过长途客运站的公交线路一般设置过境站,少量设置终点站,以减少公共交通车辆进出长途汽车站对长途汽车车辆进出站的干扰。

港口城市大多依港而兴,随着城市的不断发展,原有的港口码头作业区已变成城市中心区,大多城市原有的货运码头根据城市新的总体规划的要求纷纷向外围区转移。客运码头因水路运输客运量的下降而减少或停止运作。主要通过公交线路、出租车和社会车辆与市内交通衔接,因此需要合理设置公交线路终点站或过境站、出租车及社会车辆候客点。

机场是城市对外交通的空中门户。机场一般远离市区，离市中心区距离 30 ~ 50 km。因此，与机场衔接的城市交通系统要突出快速性的特点。机场与城市的公共交通衔接，一般包括与市中心公共活动中心的衔接、与铁路客运站的衔接、与长途汽车站的衔接，与大型公共交通枢纽的衔接、与城市航空客运站(航站楼)的衔接。这些衔接方式一般是机场公共汽车或轨道交通直接连接。与铁路客运站一样，机场客运交通的衔接方式主要有四种，即机场公共汽车、轨道交通(机场铁路)、出租车和社会车辆(包括个体交通)。机场巴士一般布置在广场，旅客从到达层出来后直接进入公共汽车站。轨道交通一般直接进入机场候机楼，减少了步行距离，到达机场的出租车与社会车辆直接进入候机楼外下客。出租车候客区位于到达层，社会车辆设专门停车场。

三、公共交通系统衔接

公共交通间的整合要求各功能不同的线网之间能够形成层次清晰、功能明确的公共交通系统，既满足居民出行需求的多样性，又能够通过常规公共交通间的一体化发挥整体效应，实现资源的合理利用。在发展轨道交通或 BRT 的城市，公共交通运输组织应以大中运量公共交通设施为基础，基于大中运量公共交通线网形成不同功能层次的地面公交线网。

按照公共交通运输方式功能的不同，公共交通系统可以分为公交主干线、公交次干线和公交支线三级。公交主干线主要承担中心城区内的主要客运走廊、中心城区与各外围组团之间的联系、各外围组团之间的联系，线路连接主要公交换乘枢纽、各大型客源产生点和吸引点，属于中长距离公交出行，是联系多个客流集散点的公交网络主动脉，一般由轨道交通或 BRT 承担客流运输功能。公交次干线主要承担中心城区内的次要客运走廊、各外围组团内部的主要客运走廊运输，属于中短距离的公交出行，串联大中型客流集散点或居住区,为主干线集散客流,一般由 BRT 或常规公交来承担客流运输功能。公交支线承担中心城区内部和各外围组团内部的居住区与周边大型换乘枢纽以及主干线站点的客流接驳和集散,属于短距离的公交出行,同时起到降低公交服务的“盲区”,提高线网覆盖率的作用,起到对某一片区接驳的作用,一般由常规公交来承担客流运输功能。

轨道交通设施(或 BRT)作为城市重大交通基础设施,一经投资建设,其线路很难调整,轨道交通与常规公交功能整合大多通过调整常规公共交通线路与轨道交通走廊主动衔接。一般来说,常规公交可以有三种线网组织方式与轨道交通衔接,具体如图 5-3 所示。

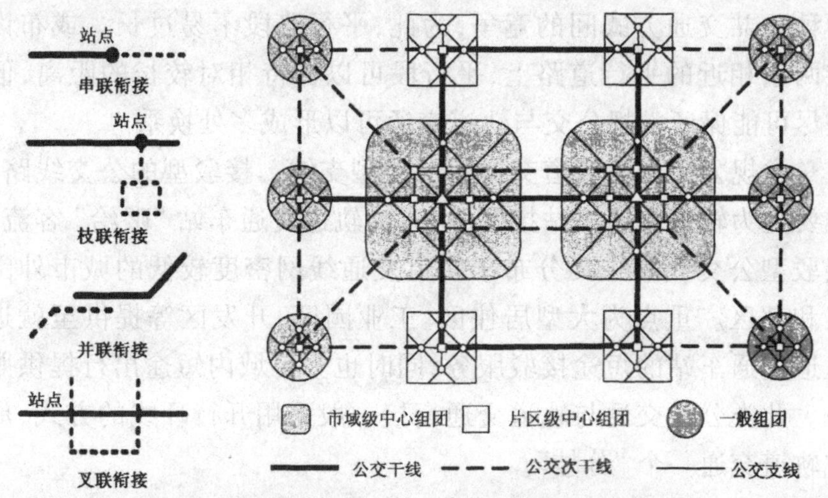

图 5-3　不同等级公共交通线路功能整合方式

常规公交作为轨道交通或 BRT 填补型骨干线路。常规公交主要针对轨道交通线网覆盖比较薄弱的区域,一般分布在城市外围区和郊区。此类区域仍然需要骨干型的地面公交线路服务。一般在城市外围区或郊区周边较近的轨道交通终端处引入常规公共交通,作为此类区域的骨架线路,以弥补轨道交通网络的空白,服务于城市外围区和郊区的出行。此类常规公交与轨道交通的衔接主要是面向站点两侧的客流有较大差别,公交支线作为公交干线服务的延伸,一般采用串联的方式,轨道交通与常规公交有一个共同的站点作为联系，不同层次线路相连结在一条线上。

常规公交作为轨道交通或 BRT 互补型次干线路。由于轨道交通站间距较大，服务的可达性较差，因此，轨道交通的客流走廊上仍然需要一些与其平行的公交线路。这些线路站距离很短，平均站距一般不超过轨道交通平均站距的一半，主要为轨道交通客流走廊沿线提供短途出行服务，以弥补轨道交通功能上的不足。这些线路还能为轨道交通的运能发挥补充作用，一旦出现大客流，轨道交通运能不足时，这些线路可以通过组织大站快车形式为轨道交通实施分流。此类常规公交与轨道交通衔接主要考虑常规公交对轨道交通覆盖范围的加密，一般采用常规公交与轨道交通并联的方式，或布设在同一条道路上，但此种方式容易形成两种公共交通方式间的竞争，为此，平行路段不易过长。或布设在两条相近的平行道路上，平行段可以保持相对较长的距离，但应尽可能保证常规公交与轨道交通可以形成多处换乘。

常规公交作为轨道交通接驳线型支线。接驳型的公交线路，主要是为轨道交通车站接驳服务，为轨道交通车站“喂给”客流。接驳型公交线路主要分布于轨道交通线网密度较低的城市外围区和郊区。重点为大型居住区、工业园区、开发区等提供至就近轨道交通车站的短途接驳服务，同时也为区域内短途出行提供服务。此类公共交通与轨道交通衔接一般采用开行环线的方式，形成轨道交通一个“分枝”。

四、公共交通与小汽车交通衔接

公共交通与小汽车交通衔接的核心内容是停车换乘规划，停车换乘应坚持区域差别化的原则，即针对核心区、主城区和外围区等不同区域范围内对 P+R 设施的功能要求差异进行灵活设置。具体如表 5-17 所示。

表 5-17　不同区域 P+R 设施功能定位

设施类型	停车换乘设施主要功能
核心区边缘 P+R 停车场	适当弥补区域内停车设施不足,改善停车矛盾集中,保持中心区活力
	截断车流,限制进入城市中心区
主城区近程 P+R 停车场	截断车流,限制车流进入城市中心区
	引导通勤出行向公共交通转变,抑制小汽车进城需求
外围区中远程 P+R 停车场	截断车流,限制车流进入城市中心区
	引导通勤出行向公共交通转变,优化出行方式结构
	减少小汽车长距离出行,减少污染,保护环境

核心区边缘 P+R 设施位于组团中心区或城市重点区域的周边地区,通常也是停车供给与停车需求矛盾最大的地区。位于城市边缘区的轨道交通站点,它可能位于对外交通枢纽换乘处,如铁路、机场、长途汽车站等,或者位于轨道交通公共交通枢纽。这类设施的规划目的就是要将中心区内多余的停车需求转换为公共交通。作为市内 P+R 中一类特殊的换乘设施,兼有公共停车场和换乘停车场的功能。如何确定核心区边缘需求量在一定程度上反应了边缘 P+R 设施的性质。当需求量完全按照实际的供需差额来确定时,核心区边缘 P+R 设施从功能上承担了中心区公共停车场的功能,所起作用仅仅只是使中心区的停车需求转移到边缘地区。当采取缩小供需缺口、控制停车需求的策略确定需求量时,边缘 P+R 设施才真正起到停车换乘的功能。但无论采取何种策略,一旦这类设施的需求量确定之后,理论上全部需求都必须得到满足,否则可能加剧中心区的交通拥挤,造成路边违章停放等不良现象。

主城区近程停车换乘点主要位于城市边缘区以外的轨道交通站点,其周围地区在站点建设前开发程度不高,附近开发的用地大多为居住用地,因此其功能主要是为站点附近的居民通勤交通服务。轨道交通在此类区域站距一般较长,大多数交通属于组团间或城镇间长距离出行,停车换乘主要结合轨道交通站点来布设，主要目的是引导小汽车方式在其出行早期便完成向轨道交通方式的转换。

外围区中远程P+R设施位于各边缘组团或卫星城镇内，主要服务对象为到中心区就业者，主要目标是配合中长期城乡公交一体化规划布局体系，为城乡公交线路集散客流。从功能上看，将是今后促进居民出行方式转换的主要设施，此类设施与主城区近程P+R设施布设较为类似，结合轨道交通站点来布设，引导小汽车方式在交通结构成型前期向轨道交通转换。

五、自行车交通与公共交通整合

自行车停车换乘实施需要有高质量的公共交通服务为前提。考虑到目前常规公交服务质量难以达到较高的标准，自行车与常规公交换乘联合优势无法体现出来。如果常规公交能提高服务水平，它仍将是自行车换乘对象的重要组成部分。城市轨道交通在单位运能、运输速度和舒适性上比其他公共交通工具更具优势，轨道交通是自行车停车换乘的最佳选择。实现自行车与轨道交通换乘衔接，必须在整个换乘系统的构建上形成一套完整而有效的方案。城市快速轨道交通与自行车换乘衔接要从点、线、面三个层次考虑。在“点”上，要求换乘方便、衔接紧密；在“线”上，要求线路通畅、连续；在“面”上，要求层次清晰，与城市发展协调一致。

轨道交通站点是乘客乘降的场所，是出行的出发、换乘与终止点。轨道交通换乘站点为轨道交通与其他交通方式相联系的纽带，自行车与轨道交通的换乘要在换乘站点完成。当换乘车辆从站点吸引范围内的各处集聚到换乘站点时，换乘站点主要完成两个功能：换乘与停车，换乘就是在一次出行期间不同交通工具间的连接或不同交通线路间的连接，本文即指来自吸引范围内各个方向的自行车在站点处改换为轨道交通方式继续出行；停车是指换乘站点为集聚而来的自行车提供安全、方便的停车场所。

对于换乘站点的规划，是整个自行车与轨道交通换乘系统的关键。

在换乘过程中，遍布在吸引范围内各个方向的线路在换乘站点处交汇，将换乘的自行车交通通过这些线路快速的集散。换乘自行车需要道路有一定的连续性与衔接性，以保证快速、安全地抵达换乘站点。在站点吸引范围内的道路等级不同，道路上分布的各种交通流，对换乘自行车交通都会产生干扰，需要对联系吸引范围内居住区与换乘站点的道路进行优化改造，形成不同等级的自行车道路，提高衔接道路的连续性，保障衔接道路上自行车交通的通行权与先行权，实现换乘的自行车交通快速的集散，最大程度的提高城市整体客运运输效率。

轨道交通站点和站点吸引范围内各条与站点衔接的线路，共同组成了一个区域范围的换乘体系。对于自行车换乘轨道交通，需要在“面”的层面协调规划，形成规模恰当、布局合理的自行车专用道路网。

第六章　城市交通拥堵治理策略

随着社会经济的发展,居民生活水平的提高,人们对出行质量的要求越来越高。当今,随着交通工具和交通技术的发展与进步,交通拥堵开始进入人们的视野,单纯依靠增加供给已经不能满足居民对出行的要求了,人、车、路的矛盾日益突出,交通拥堵已经成为国内外大中型城市决策当局面临的制约城市发展的主要问题之一。为此,本章将对城市交通拥堵治理策略展开论述。

第一节　城市交通拥堵治理的建议

一、先对城市道路交通拥堵现场进行调查

城市道路交通拥堵产生的最主要因素实际上是由城市道路本身问题形成的,这些问题主要表现在以下几方面。

(1)城市道路结构分布与次干道结构不合理,造成城市整体道路交通在大范围和局部范围都存在结构缺陷,形成根本性交通拥堵。

(2)城市主、次干道设计不正确,造成城市主要道路交通由于平面设置不正确导致交通不通畅,或道路管理控制不正确导致人为交通拥堵。

(3)道路平面几何设计不正确,是微观上形成局部交通拥堵的主要因素。这使得本来可以疏通的交通流因为道路几何形式不正确而造成拥堵。

(4)道路立交桥和主要交叉口设计不正确,造成交通流不通畅。

(5)交叉口信号灯控制技术落后。交通信号灯设置不正确往往是道路交通畅通化的一个阻碍因素,也是人为造成道路交通拥堵的一个不可忽视的原因。只有采用高水平、高科技指导下的信号灯控制,才能够真正解决信号灯管理下的交通拥堵问题。

(6)很多城市道路交通拥堵是一些非主流机动车引起的,如行人、自行车交通、公交车和停车等。

然而,每一个城市道路交通的具体问题和形成原因可能会有很大的区别,各个城市会有各自的特殊情况。因此,要真正解决城市道路交通拥堵问题,必须首先进行全市范围道路交通问题调研和问题分析,必须将所有影响交通畅通性的原因寻找出来,并且逐个道路和片区施行针对性的解决策略。

(一)现场道路踏勘和调查

城市道路交通调研的第一步是对城市主要拥堵片区和主、次干道区域进行细致的交通状况现场调研,对调查情况需要进行全面的笔记和拍照记录。其内容包括以下方面:

(1)对区域的所有道路、交叉口、立交、公交站等交通状况(尤其是拥堵情况)的细致调研分析,分析拥堵形成的主要原因(道路结构与发布问题、几何设计问题、交通控制方法问题等);

(2)高峰期各个交通要道(干道)和交叉口节点的交通情况调查:

①道路等级和交通流量的匹配情况(是否存在非主干道等级道路承担主干道交通流的情况);

②道路车道分布设置状况和拥堵情况(车道数平衡、车道平滑等问题);

③交叉口交通流量和拥堵(排队长度)状况。

(3)交叉口交通调查:

①交叉口车道设置状况(足否存在车道数欠缺和不平衡问题);

②交叉口左右转弯车道需求情况(是否欠缺左右转车道设置);

③交叉口信号控制(相位、周期、配时)设置优劣状况与存在问题;

④人行道过街设施设置状况(是否存在行人过街交通干扰问题);

⑤自行车道设置状况(自行车交通与机动车交通是否混乱)。

(4)对交叉口的标志、标线和渠化问题的调研:

①标志、标线设置的正确性问题;

②交叉口进出车道设置正确性问题;

③交叉口地面渠化问题与优化需求问题。

(5)对道路车道供需匹配问题调研:

①车道分布设置问题和供需匹配需求问题;

②道路拓宽和左右转弯车道设置需求;

③行道设置需求,或不正确单行道设置问题;

④周围建筑群对道路需求与匹配问题。

(6)对城市快速道(或高架路)问题调研(这是大城市交通拥堵的关键部分):

①进出口匝道拥堵严重程度与问题分析;

②进口与出口次序是否错误,即是否进口交通与出口交通在主线进出口位置交汇;

③进口交通流是否严重干扰主线交通,即进口匝道的设计问题;

④出口交通是否影响主线交通,即出口匝道的设计问题;

⑤进出口匝道设置位置是否严重影响地面交通,即匝道出入口位置设置错误、距离交叉口太近;

⑥进出口指路标志设置是否正确,即是否有足够的预告和正确的指引。

(7)对区域的公交线路和乘客换乘衔接的状况调研:

①公交线路的可达性、便捷性、合理性;

②公交站台设置位置和港湾式站台需求问题;
③公交路线分布合理性问题;
④公交换乘便捷性问题。
(8)对人行道和行人交通便捷性问题调研:
①人行道设置问题;
②行人过街问题和天桥、地道需求问题。
(9)对自行车交通的调研:
①自行车车道设置状况、需求与问题;
②自行车信号控制的需求和策略问题。
(10)对机动车停车问题调研:
①现有停车场、停车库的分布和容量,以及进一步需求问题;
②停车进出口的布局与其对道路交通影响问题;
③停车诱导的需求问题。
(11)自行车的停车问题调研:
①停车现状分布和问题;
②停车场库建设需求与设置位置。

(二)城市与区域整体交通流特征调研与分析

对城市范围或局部区域范围整体交通流在工作日和周末的交通流走向特征调研与分析,是解决道路交通规划与改造工程合理性的一项重要任务。城市道路交通流特征一般情况可以分为以下几种。

1.城市总体交通流的方向性

这种交通流的方向性是因为贯穿城市的一些主要公路具有方向性所致。比如,城市周边主要高速公路或干线公路是东西或南北方向,因此,造成进出城交通流在城市内部的相同方向压力最重,而形成具有方向性压力的交通流。

2.潮汐方向性交通拥堵

很多城市区域性道路的早高峰和晚高峰的交通流向是具有

潮汐现象的,因此,往往产生道路交通的拥堵具有时间的方向性和间断性。

3.局部性拥堵点的交通流特征

很多城市的一些固定拥堵点造成周边交通流绕行形成的交通流方向性变化,其主要问题出在拥堵点的交通堵塞造成周边交通的绕行压力。

4.道路方向性交通拥堵

对于具有一定方向性交通流的道路,必须对本道路和周边道路的交通做出细致分析来确定区域性的交通流特征,从而根据交通流方向特征来考虑交通拥堵的成因和相应解决方法。

(三)对道路交通状况调研与分析

在现场踏勘和调研过程中,需要对道路和交叉口结构、交通组织(机动车、自行车、行人)管理和控制、公交站点和乘客换乘衔接、机动车和自行车停车等方面存在的问题进行详细的分析,着重分析目前交通拥堵和混乱存在的道路结构原凶。

其中包括对如下方面的调研与分析:

(1)机动车、自行车、行人交通流量,尤其是那些拥堵严重的道路与交叉口;

(2)针对各种交通流,相应道路车道分配合理性;

(3)现有道路车道数与交通流对比分析,以及车道数不平衡和基础设施供需失衡问题;

(4)交叉口设计不合理和渠化不规范问题;

(5)交通标志、标线和信号控制存在问题;

(6)行人过街和人行道的设置问题;

(7)综合公交乘客和行人流的公交衔接和换乘问题;

(8)公交站点和公交车辆停靠引起的交通混乱问题;

(9)机动车和自行车的交通控制,即信号灯控制优劣问题;

（10）机动车和自行车的停车问题。

（四）对城市主、次干道结构问题调研与分析

通过城市总体交通流调研与统计，分析城市道路结构对城市道路交通流产生源的适应性和需求性存在的矛盾问题；分析城市道路主、次干道的分布中存在的问题和欠缺程度，提出应该考虑的主干道拓宽和改造方案与建议。其中主要考虑如下方面：

（1）主、次干道网络结构是否合理和欠缺程度；

（2）主、次干道宽度要求与欠缺程度；

（3）主、次干道新建需求方案与现有道路拓宽方案与改造；

（4）建立城市快速通道需求分析；

（5）建立轨道交通的需求分析。

（五）对主要道路交通组织问题调研与分析

对城市主要道路现有交通组织形式进行调研，了解除了道路本身结构问题之外，是否存在道路交通组织与控制不适当和错误引起交通拥堵等问题。其中主要考虑如下方面：

（1）道路车道分配是否合理，是否存在缺乏左转车道或右转车道影响直行车道交通问题；

（2）交叉口渠化设置是否合理和正确，是否有不正确交叉口设计影响交叉口交通拥堵；

（3）交叉口信号灯设置是否合理，是否有信号灯设置问题严重影响畅通性和形成拥堵；

（4）道路指路标志信息设置是否合适，是否存在信息不正确或误导问题；

（5）行人、自行车交通与机动车交通的管理与控制是否合适或存在严重影响主道交通流畅通性问题；

（6）主要道路现有交通流量是否超出道路容量匹配（需要排除道路设计不合理的因素），是否需要建设高架路、隧道、轨道交通。

二、政策建议

根据城市交通拥堵的社会经济影响的宏观机理和微观影响分析,针对城市交通发展提供以下几点建议。

(一)采取多种策略综合治理

单一策略对于缓解大型城市交通拥堵的作用较不明显,且很难持久,在制定缓解交通拥堵的策略时,坚持城市交通综合管理,采取多种手段相结合的方法,实现“优先发展公共交通”“机动车限号”“机动车限行”“机动车数量控制”“拥堵收费”“交通信息化建设”等多种策略的有机结合,共同作用于“交通拥堵”,以降低“单一策略”带来的“短板效应”,共同构建“人文交通、科技交通、绿色交通”为特征的交通体系,实现全面协调可持续发展。

(二)优先发展公共交通,倡导绿色出行

城市公共交通具有大容量、单位旅客能耗小的特点,通过加强轨道交通网络建设、优化公交站场布局等策略减少不同交通方式之间换乘时间和出行时间,合理划分机动车道、自行车道以及人行横道,引导不同交通方式各行其道,通过交通拥堵收费、提高燃油费等策略提高机动车出行成本,吸引城市居民选择公共交通出行,降低城市居民出行大气污染和固体废弃物污染排放水平,进而推进城市形成以轨道交通为主干、以地面公交为主体、步行和自行车等多种方式协调发展的绿色交通模式。

(三)减缓机动车增长,调整城市出行结构

交通拥堵的根本原因在于城市机动车的过快增长以及城市出行以私人机动车为主的不合理结构,通过抑制私人小汽车数量增长,控制私人小汽车总体数量。但是对于我国大型城市来说,由于历史原因,机动车数量经过长时期的快速增长,总量已经达

到了城市道路交通的容忍度，单纯依靠“摇号政策”和“尾号限行政策”，在政策执行的初期可能会产生很好的效果，但是长时间看来对交通拥堵的缓解作用有限。而通过引导私家车出行方式向公共交通、自行车、步行等绿色出行方式转移，合理进行道路交通疏导和管理，将会有效减少私家车的交通量和车公里，进而减缓交通运行恶化，缓解交通拥堵。

（四）完善城市布局，合理规划道路建设

协调发展城市交通与城市规划，协调产业布局和结构调整与城市交通的关系，重点发展郊区县经济，在郊区县建设具有综合功能的卫星城，鼓励居民在卫星城内工作、居住、生活、娱乐，通过就业岗位引导常住人口向卫星城分散，减少城市潮汐流动现象，从而在源头上减少居民出行次数，缓解城市交通拥堵。同时在满足城市合理布局的基础上，制定交通建设布局与规划，使城市道路建设规划符合城市长期发展需求，形成主干道、快速路、次干路、支路构成的道路交通网络，以满足卫星城的出行需求。

（五）加强信息化建设，提高道路通行效率

增加城市道路交通供给在治理城市交通拥堵的初级阶段具有很明显的效果，但是随着城市土地面积的限制以及机动车过快增长，往往在后期的作用减缓，不断加大智能交通建设力度，加强交通信息采集以及资源整合能力，建设道路运行管理和智能分析决策系统，提高城市交通的信息化水平和交通标识电子化水平，实现全面的城市交通调度管理体系，在拥堵路段前告知并引导机动车合理绕行交通拥堵路段，缓解交通拥堵继续恶化，进而提高道路的通行效率，对于交通拥堵的中后期缓解以及减少居民出行时间和出行成本具有明显作用。

第二节　现代城市交通拥堵治理的指导思想

一、工作思路

深入学习习近平中国特色社会主义思想，借鉴国内外大城市交通发展经验，坚持以人为本、标本兼治和体制机制创新，综合运用科技、经济、必要的行政和法律等手段，加快交通基础设施建设，加大优先发展公共交通力度，加强机动车总量调控并引导合理使用，提高交通综合管理水平，为做好“四个服务”，全面推进“人文、科技、绿色”战略和中国特色世界城市建设提供交通保障。

二、提升城市交通规划的地位和作用

为从根本上缓解城市交通拥堵压力，发达国家城市十分重视城市交通规划编制工作，强调从经济社会发展全局和城市发展战略的高度编制城市交通发展规划，将城市交通规划纳入城市总体规划，全面提高城市交通规划的地位和作用，并将城市交通规划纳入法制化管理轨道，作为政府法定职责进行固化，确保城市交通与城市发展的良性互动。

新加坡陆路交通局 2008 年 3 月出版了《新加坡陆路交通总体规划》，详尽阐述了未来 10 ~ 15 年新加坡陆路交通系统的政策与发展策略，其中优先发展公共交通、实施高效的道路交通管理、满足不同群体出行需求是三大核心内容，旨在打造一个以人为本的陆路交通系统，以支持新加坡成为充满活力、宜居的国际化城市。新加坡在规划层面上将公共交通与城市总体规划紧密结合，形成了由“放射状”大容量公共交通系统支撑的“串珠式”卫星城体系规划，确立了公共交通在引导城市发展中的重要地位。此外，新加坡在道路系统总里程增长缓慢的情况下，非常注

重优化路网结构的功能配置，使城市道路微循环系统能有效地对交通流量进行疏散，同时为公共汽电车线网的布设和优化创造了良好的基础条件。

加拿大温哥华地区于19%年通过了面向21世纪的《宜居区域战略规划》，旨在通过统筹协调土地利用规划和交通规划来实现城市的可持续发展。该规划明确了与公共交通相关的两个策略：一是发展紧凑型城市，将城市未来的发展主要集中在现有市区中，支持社区容纳中、高密度居住区，从而使得人们能够就近工作和居住，并能够更好地利用公共交通系统和社区服务设施，避免城市无序蔓延；二是增加可选择的交通方式，鼓励人们使用公共交通系统，从而降低对私人小汽车的依赖。该规划明确了城市交通发展的关注对象，按照关注程度依次是步行、自行车、公共交通系统、货物交通，最后是私人小汽车，真正体现了以人为本的核心理念。在《宜居区域战略规划》的引领下，温哥华的城市环境得到了根本性提升，温哥华也因此被评为"全球最适宜生活城市"。

日本东京1977年实施了《第三次全国综合开发计划》，结合城市发展的实际情况制定了以发展区域轨道交通网络为主、公共汽电车为辅的城市公共交通发展目标，提出要着重提高公共交通的整体服务水平，建立高效发达的公共交通网络和换乘便捷的城市交通换乘枢纽及配套设施，全面改善城市公共交通发展环境，鼓励市民采用公共交通方式出行。目前，东京已成为世界上公共交通系统最为发达的城市之一，尤其是其庞大而完善的轨道交通网络，为促进城市的健康持续发展提供了有力的支撑。

三、加强绿色交通宣传教育

为鼓励更多的民众选择公共交通、步行、自行车出行，降低小汽车使用强度，缓解道路交通拥堵压力，发达国家城市在改善步行、自行车道路条件、停放车设施等硬件环境的同时，还积极开展多种形式的宣传教育活动，增强公众的绿色交通意识，为公共交通、步行、自行车出行营造良好舆论氛围。

美国大力推广自行车友好社区（BFC），有效推动自行车的使用。BFC 是美国自行车骑行者联盟采取的一个对积极支持自行车发展城市市政当局进行认证的奖励项目。BFC 为骑自行车提供安全和便利，鼓励居民将自行车用于交通、健身和娱乐，制定自行车鼓励政策，积极推广自行车的使用。

BFC 教育各年龄层次的机动车驾驶员和自行车骑行者文明使用道路、安全行车，同时教育和提醒驾驶员在开车时要多关注骑自行车的人。BFC 已在国际上逐步得到认可与推广。

荷兰、丹麦和德国等国家非常重视交通教育及培训。这些国家的儿童在学校期间的必修课程之一就是交通安全教育以及自行车技能训练。自行车技能培训课程分为室内教学和上路训练两部分，培训结束后由交警对学生进行考核。此类培训不仅保障了安全骑行，还授予了学生终生受用的骑行技能。此外荷兰、丹麦和德国还开展了丰富多样的自行车推广活动，如举行每年一度的自行车节和无车日活动，为各个年龄段不同水平的人组织开展自行车比赛，为老年人组织自行车观光团，为儿童组织“小鸭学骑车”活动，以及开展骑行大使计划，派遣有经验的骑车人士深入社区作为安全骑行的模范，以培养公众的绿色交通意识。

四、大力倡导现代交通理念和开展文明交通活动

充分利用报刊、广播、电视和网络等媒体及户外公益广告，深入开展绿色出行和环保知识等方面的宣传，提高交通参与者的现代交通意识，引导交通消费方式的转变。将交通文明作为文明市民的重要指标，开展交通文明宣传进社区、进家庭、进学校、进单位、进农村活动，号召市民文明行车、乘车、停车、行路；深入开展排队日、让座日、交通志愿者服务活动和公交、轨道交通、出租汽车等窗口行业创建文明行业、文明单位活动，提升交通服务水平。通过开展“公交周”“无车日”“少开车”等活动，倡导乘坐公共交通工具、骑自行车和步行等绿色出行方式。

第三节 城市交通拥堵治理关键技术

一、城市道路交通优化改造

在全面完成城市主要道路,主、次干道,快速道路,交叉口、立交,公交,自行车,以及行人等交通现状调研基础上,对城市重点地区和主干道交通现状和拥堵情况进行细致全面的分析,然后提出针对现状问题与矛盾条件下的城市道路交通优化改造规划,这是解决城市道路交通问题的第一步。其规划应该包括分析交通混乱和拥堵的原因,以及相应的解决方法和步骤。

(一)主要道路优化改造方案

在充分调研与分析的基础上,根据区域性干道交通流的压力,规划需重点提出解决城市区域性的整体道路车道数与供需失衡问题的方法和途径,其中应该提出:

(1)区域内和城市范围的快速干道或高速公路系统建设规划;

(2)区域内的主、次干道和道路的分布优化改造规划和建设;

(3)各条改造道路拓宽可行性分析和拓宽规划与车道的分配;

(4)主要道路路段的车道分配和人行道设置;

(5)对现状和规划拓宽后的道路进行近、远期实施方案的规划,作为近期和中远期的改造方案。

(二)平面交叉口优化改造方案

道路交通的主要矛盾在交叉口位置。因此,应该根据调研结果提出目前交叉口设计与管理控制中的不正确问题,并根据具体交叉口改造需求提出改造项目的内容和实施方法。其中包括以下策略内容:

(1)分析交叉口目前存在的问题,采用国际标准与技术进行改造设计;

(2)进行规范化的交叉口渠化和标志、标线设计;

(3)设置左右转弯车道设计;

(4)优化信号控制(相位序、周期和配时);

(5)自行车行车车道设计;

(6)人行过街通道(平面和天桥、地道)设计。

(三)立交优化改造方案

对主干道的主要节点交通拥堵进行分析,重点在平面几何优化条件局限情况下的主要拥堵节点,考虑建设立交代替平面交叉口,即主线上跨(天桥)立交,或主线下跨(隧道)立交。

建立立交的方案设计必须全面考虑交通流的合理分流与优化控制,确保所有分流交通流的平滑顺畅。正确的车道渠化设计和指路标志设置都是非常重要的方面。

(四)公交换乘衔接的优化设计方案

重点考虑公交集散中心换乘衔接的优化路径和方法:

(1)公交集散中心位置与各种交通衔接的优化方案;

(2)公交站点的优化分布设置(包括港湾式或其他停靠站设计);

(3)优化地面公交与轨道交通的无缝衔接设计;

(4)优化公交乘客换乘衔接最佳方式与人行通道设计(天桥、地道)。

(五)公交起始站点优化方案

规划需要包括对区域的公交线路和站点位置分析与改造,重点考虑中心拥堵区域的公交起始、停靠站点的移位需求与可行性,通过移位达到缓解中心区域交通拥堵的方法:

（1）分析目前起始站点对交通拥堵的影响；

（2）选择优化的起始站点与停靠位置的移位方案。

（六）机动车、自行车停车位置与方法优化方案

根据调研分析、规划需要提出城市中心区域的机动车、自行车停车对交通拥堵的影响，设计优化的停车位置与场地的方案。

（七）主干道交通信号灯优化控制方案

根据调研分析，对交叉口信号灯控制错误或存在阻碍交通畅通性的主要道路进行细致分析：

（1）查看交通信号灯是否造成交通流在交叉口的停顿和相应交通拥堵；

（2）查看每一个交叉口信号灯的参数（周期、绿信比、相位差）设置是否合理；

（3）查看实施“绿波化”信号灯控制的条件与调整需求；

（4）根据分析提出交通信号灯控制系统的优化改造方案，重点推行双向“绿波”信号控制的信号灯优化系统的实施；

（5）分析信号灯控制优化改造实施效果与工程量预算等。

（八）主要道路指路标志改造方案

根据调研分析，对道路指路标志信息设置完善性、正确性存在问题的道路进行分析：

（1）指路标志设置是否完整或欠缺；

（2）指路信息设置是否正确或存在信息误导；

（3）指路信息的引导性和内容是否正确与完善；

（4）指路信息的可读性、可视性、连续性是否正确或完善；

（5）根据需要提出改造完善的规划和具体内容，以及相应工程量预算等。

（九）改造项目工程量估算与实施方案建议

对所有优化改造方案，应该根据实施需求，进行较为完整的工程量预算和实施费用估算，并根据项目工程量预算和实际改造需求情况，分别提出近、中、远期的实施方案。

近期方案是 1 ~ 3 年内完成的亟须解决的“短、平、快”项目，这些项目一般投资较小、效果明显，是能够在短期内体现改造项目重要性和收获效果的项目。

中期方案是 3 ~ 5 年内完成的主题关键性改造项目，这些项目一般情况下投资量较大，但是起到结构性和关键性改造目的，是总体改造内容的主要部分。它们的实施将把城市交通提升到较高水平，起到重点与关键性交通改善的效果。

远期方案是 5 ~ 10 年完成的项目，这些项目一般情况下是一些以远期改造为目的的项目，作为给地方政府的建议。

二、城市主、次干道交通畅通化改造

城市道路交通畅通化的关键是主、次干道交通的畅通化。一般情况下，城市交通拥堵的一个最主要原因是主、次干道交通流不通畅。因此，要解决城市区域性的道路交通拥堵，首要任务是解决主、次干道交通的畅通性问题。

（一）城市主、次干道网络优化改造

城市道路交通畅通化目标首要任务是完成城市主、次干道网络优化布局设置的规划，其中包括城市快速干道和高速公路网络的建设。在正确规划下，逐步完成每一条干道的拓宽改造或新建工程任务。规划是否有效或实用，主要看规划是否合理地提出实质性问题和可操作性强的解决策略与方案，是否真正由道路结构布局、道路宽度、车道设置、交叉口设计等不合理因素分析出交通拥堵根源问题，从而提出合理科学可行的改造实施方案。

城市快速干道和主、次干道网络改造目的是完善城市道路的正确布局，提高城市道路交通有效通行率，达到快速干道和主干道能够顺畅输送城市相对长距离需求的主流交通，次干道能够顺畅输送区域内相对短距离需求的交通流要求。

因此，对城市主、次干道网络优化改造是解决城市道路交通畅通化的一项最重要工程，是做好改造前的合理实施规划是第一步。

（二）城市快速干道优化改造

现代化城市道路结构的一个突出特点是城市建立较为完善的贯穿城市或围绕城市的“快速干道”系统，使得需要在城市内长距离行驶的交通流能够通过没有或基本上没有平面交叉的“快速干道”系统以高速快捷方式在相对短时间内达到目的地周边道路，然后通过地面道路到达目的地。因此，城市快速干道的通行运行速度和有效性是衡量快速干道成功与否的主要因素。

我们国家目前许多大城市的快速干道在交通高峰期无法维持交通流的高速运行和畅通，甚至快速干道在某些区域因为拥堵，完全丧失快速干道的功能，几乎成为慢速移动“停车场”！形成这种快速干道拥堵现象的原因主要是快速路设计问题造成的。因此必须采取相应改造工程，其中主要表现在如下方面。

1. 封闭式快速路进出口次序改造

目前我国不少大城市封闭式快速干道的进出口匝道位置次序设置错误，即进口位置设置在出口之前不远的地方，进口交通流与出口交通流在进出口位置形成交汇穿插的混乱状况，从而造成快速干道的交通拥堵点。这个问题是由最初快速干道设计单位缺乏快速干道设计理论引起的。有些快速道路的进出口一旦确定建成几乎是无法改动的，比如某些高架道路。

但是对于那些进出口位置设置错误的快速干道，必须设法修正错误的次序，或采用其他手段，如封闭一些入口来改变交通流穿插混乱状况，这是解决快速干道在进出口穿插交通流拥堵的根本策略。

2. 封闭式快速路进出匝道改造

除了进出口匝道位置错误问题之外，进出口匝道渐变段长度也是直接影响快速干道主流交通畅通的一个重要因素。我国目前许多城市的快速干道进出口匝道长度过短，从而造成进口交通流在加速不够的低速条件下与主干道高速交通流汇合，造成主干道高速交通流在入口低速交通流干扰下减速，迫使主干流的交通流形成“纵向波”形式，形成主干道交通流的压缩性拥堵现象。

另外，如果出口匝道渐变段长度过短，则出去车辆可能因为来不及换道而被迫在主干道上减速，影响主干道交通流；或者，因为出口拥堵导致出去交通流排队占用主干道，而形成主干道交通停止性拥堵。

因此匝道渐变段长度过短情况必须在条件允许情况下按照高标准规范进行调整。

3. 出入口平面几何设计改造

除了出入口匝道的位置和渐变段长度对主干道交通流的影响外，进出匝道本身的几何形状也是影响进出交通流与主干道交通流分离或汇合是否平稳和顺畅的一个重要因素。我国目前不少城市快速干道匝道设计缺乏正确的设计知识，在设计和实施设置上都还存在不少缺陷问题，因为车道几何形状的不规范、不平滑等问题造成交通流不顺畅。因此，对于出入口几何形状有问题的应该尽快做地面渠化优化改造。

4. 出口指路标志设置改造

快速干道交通流是否能够保持畅通和平滑出入，一个很重要的因素是沿途的指路标志设置是否正确，尤其是出口指路是否能够做到“信息准确、出口预告、多级引导”等，实现需要出去的交通流能够在预告信息指引下，在对主干道交通流干扰最小的情况下,安全、顺利平稳进入出口。

我国因为指路标志设计还存在许多缺陷,许多城市高速路和快速干道的指路标志是存在很多问题的,需要对这些指路标志系统进行改造。

(三)城市主、次干道优化改造

城市地面道路网络中最为重要的干道系统是遍布全城的主干道和次干道网络,因为主、次干道承担了城市道路交通最主要的疏通负担和功能,是城市道路交通流运行的基本通道。

因此,城市地面交通畅通与否,关键就是主干道和次干道交通流是否通畅。

城市主、次干道网络畅通化改造目的就是要确保主、次干道网络能够承担城市道路主要交通流的运输功能,确保每一条干道交通流的畅通性。因此,解决城市道路交通拥堵的一个最主要内容是完成交通拥堵的城市主、次干道的优化改造。改造的主要内容分如下方面:

(1)完善合理可持续发展的城市主、次干道网络布局设置。

主干道是城市地面交通的主动脉,次干道是普通街道小流量慢速交通与相对高速大流量的主干道交通衔接的支路,因此,城市整体干道网络的正确合理分布和设置是确保地面交通畅通的关键。合理的主次干道网络的正确建立,将从根本上解决城市道路交通流输送的有效性和便捷性,改变拥堵现状。

(2)完善城市干道系统拥堵路段和节点的优化改造。

一般情况下城市主、次干道交通拥堵形成的主要原因是:

①干道宽度过小不适应交通流压力需求;

②道路路段和交叉口节点几何形状存在降低交通流平滑顺畅运行的阻碍因素;

③干道沿线存在过多的横向交通干扰因素,影响干道交通流的正常速度运行和效率。

因此,完善城市干道系统的优化改造,解决道路设施上存在的引起交通拥堵的各种缺陷是改造项目的关键内容。主要改造工程包括以下内容：

①道路拓宽，或改善道路两侧交通控制，增加通行能力；

②改造道路沿线横向进出口几何形式，增加进出口的斜角设置，或者在条件允许的情况下增加加减速车道，避免横向交通流对主交通流的垂直干扰；

③改善道路两侧行人、自行车交通控制，避免非机动车对机动车交通流的干扰；

④交叉口优化改造（增加左右转车道），包括对行人、自行车的物理隔离（天桥、隧道）提高交叉口通行能力。

（四）城市主要道路平面交叉口改造

城市道路交通拥堵的一个最主要原因是道路交叉口设计不正确，造成交叉口进出范围内交通流混乱交叉、强迫性变道、车道数缩小强迫性汇合等，严重干扰交通流的平滑性和畅通性。因此，对干道沿线进出口和交叉口的改造需要确保如下内容：

（1）一般情况下，尤其是交叉口前后路段内的直行车道数必须不变，保持直行车道在交叉口前后的平滑对齐衔接，确保占交通流主流的直行交通流在交叉口不受人为迫使的变道干扰，即直行交通流完全不需要随意改变已经占用的直行车道。

（2）左右转交通流应该在交叉口前主动与直行交通流分离，即设置单独的左转车道，以确保直行交通流不被左转车辆阻挡而影响直行车流畅通性。因为一般情况下红灯并不严重影响右转通行，因此，只有大交叉口需要考虑设置单独分离的右转车道。

（3）交叉口行人、自行车交通往往对机动车交通流产生很大程度干扰，尤其是大交通流量交叉口，应该采取对行人、自行车交通的物理分离策略，增加交叉口机动车交通流通行率。

（4）交叉口信号灯控制的好坏是影响交叉口交通通行率的一个重要因素，因此必须进行以科学计算为基础的信号灯优化控制改造。

（五）城市主干道节点行人、自行车交通的优化技术

影响城市道路交通畅通性的另一个重要因素是重要交叉口节点的行人、自行车交通对机动车交通流的干扰问题。要解决机动车交通流大，行人、自行车流量也大的道路节点的交通畅通性问题，除了前面介绍的道路几何改造之外，必须将行人、自行车交通流与机动车交通流在交叉口实现物理分离，即采用天桥或隧道隔离行人、自行车对机动车交通流的干扰。这些大交叉口的行人天桥或隧道，在有条件情况下应该设置电动楼梯，帮助行人、自行车上下。

（六）采用科学的道路优化设计方法

城市主要干道优化改造，一般需要重新进行平面几何设计和标志、标线的正确设置。这些设计应该全面采用国际先进交通工程设计规范和标准，对干道沿线所有存在问题的交叉口和节点，以及干道路段进行全面的优化改造。其中注重如下方面：

（1）确保地面标线实施的正确性、明晰性、连续性，用于纠正目前许多城市普遍存在的标线不连续、不正确的画法，如在交叉口由直行车道变左转或右转车道、标线在交叉口前有空挡以及中线在交叉口偏移错位等问题。

（2）应用先进交叉口设计标准，设置交叉口左转、右转车道和导流三角岛，缩小交叉口面积，减少直行通过交叉口的距离，提高信号控制效率，增加行人、自行车的通行安全。

（3）采用正确的道路指路标志的设计原理，改造目前交通标志和指路标志。

三、道路交通指路标志的优化改造

城市道路交通指路标志也是影响交通畅通性和安全性的一个重要内容。我国目前各地城市交通指路标志从信息内容设置

到版面排列和尺寸都存在各自为政、不统一、不规范的问题。其中有些城市指路标志设置存在问题,尤其是对陌生驾驶者产生误导等,直接影响道路交通畅通性和安全性。因此,在解决城市道路交通拥堵问题时,往往必须纠正一些问题较大的主干道和快速干道指路标志设置,完善相应改造工程。

(1)重点解决主干道指路信息的规范、统一、信息优化改造设置。城市道路交通畅通化的一个重要措施是建立完整、正确、规范化发置的指路信息系统,尤其是在输送主要交通流的城市主干道和快速干道网络上。因此,对于城市主干道和快速干道系统的指路标志设置应确保信息设置的完整性、正确性和规范性。其中对具有严重问题的主干道指路标志的改造需要放在整体改造项目内容之中,并且给予高度重视。关于指路标志设置的具体方法和内容等请参照相关书籍。

(2)重点解决城市封闭式快速干道立交出口指路信息不合理设置。城市主干道的快速干道和高速公路的指路信息是服务于城市重点交通干道驾驶者的关键设施,它们是否能够正确引导陌生驾驶者进出快速干道和高速公路系统到达目的地是整个指路系统的关键。但是目前因为我国许多城市指路标志系统的设计还停留在老式的“以地点名为主”的指路设计方法上,导致目前许多城市的指路信息是陌生驾驶者不认识的“无用信息”或者“误导信息”,致使陌生驾驶者常常被误导而走错道路,或者走错入口进入相反方向道路,或者在出口匝道的入口前因为无法判断是否应该出去而被迫停车,造成交通安全隐患和事故。

因此,正确改造城市封闭式主干道系统的出口指路标志的不合理设置是解决城市道路交通畅通化的一项十分重要措施。这方面的设计和设置方法请参照指路标志设置技术的书籍。

四、城市公共交通优化改造

城市道路交通畅通化改造的一个不可缺少的内容是对城市

公交网络的优化改造。现代化城市交通的一个重要组成部分就是遍布全市完善的公共交通网络系统。尤其是像中国这样人口众多的国家,所有城市都必须建立完善的公共交通系统,以满足大多数百姓出行的需要,因此完善城市公共交通网络优化改造是城市交通现代化的一个重要内容。

(一)城市公交线路优化改造

城市公共交通网络应该遍布全市所有地方,但是线路的设置却应该根据地方公民人口的多少有所区别。城市公交系统线路"优化"分布实际上是一个比较复杂和仔细的工作,需要在对全市人口分布和经常性使用公交系统人员进行采样统计和科学分析基础上,做出符合实际情况的合理分配,对现有的线路分布要在以上科学统计分析基础上进行合理调整,做到公交线路分布的合理性、科学性和完整性。

在完成优化分布改造的同时,应该全面进行公交站设置的优化改造,其中包括公交站位置优化设置、港湾式公交站全面推广、站台统一优化改造,以及站台信息指示牌的统一优化改造等。

(二)城市公交信息化建设

现代化城市公交系统的一项重要任务是需要建立和完善公交系统指示信息化建设。这部分工作是目前各地城市还没有做好的一项主要内容,尤其是大城市缺乏百姓急需的信息化系统。因为大城市的公交系统是一个十分庞大的系统,几乎无人可以知道一个大城市到底有多少公交线路,或者那些线路的实际走线。目前我国城市公交站台指示牌仅仅告知每条线路的沿线站台名,而不知道线路如何走线。老百姓往往只知道平时自己走过的那几条路线的情况,甚至只是路线部分情况。这种现象还是当地老百姓的情况,更不用说外地人或游客如何来了解城市公交路线具体情况了。

虽然有些城市的地图能够了解一些公交线路的情况，但是对于大城市来说，这种在地图上寻找公交线路几乎是十分不现实的，因为地图无法清晰标示出普通公交线路，能够看清楚的只是有限的地铁线路。

因此，建立全市公交系统的信息化是一项非常重要的任务。这种信息化系统和电子装置应该具有如下功能和内容。

（1）在全市主要站台或所有站台设置电子信息服务台，这种装置能够简单告知询问者要去地方应该如何乘车、乘车路线和换乘地点，以及票价等信息。

（2）目前公交车辆的路线名显示往往很不清楚，需要统一优化设计、统一完善，使得乘车人无论是在站台上还是路边上都能清晰看到将进站的车辆的路线名。

（3）全市公交信息系统还应该具有无线搜寻和咨询功能，使得老百姓手机能够获得出行需要的乘车信息等。

（三）城市快速公交系统建设

城市公交系统除了普通公交车之外，对大中城市上班族非常重要的是“快速公交系统网络”的服务，这种网络是在地铁、轻轨系统之外的网络。一般是车厢适当加长或两节的公交车，它们往往开辟专用快速通道，中途停车站比普通公交车辆减少许多，以提高运行效率和行驶时间。这种快速公交也可以仅仅在上下班高峰期运行。

五、道路信号灯双向绿波控制

对于不正确信号灯控制形成的道路交通拥堵现象，唯一能够解决的方法是实现道路沿线信号灯联网优化自适应控制，实现交通流不在交叉口停留，一路畅通的“绿波”效果。

国际发达国家在这方面已经积累了不少宝贵实用经验。美国联邦交通部出版的《美国道路通行能力手册》（Highway

Capacity Manual),通过大量实际数据检测和理论分析得出结论,单点信号灯控制在最优化参数设置情况下,交叉口通行率改善程度最多只能达35%,但是当道路实现“双向绿波”控制,整个道路通行率改善可高达200%~500%!这完全是不在一个数量级上的改善!这种改善几乎相当于道路本身扩大了2~3倍车道数,所以我们可以理解为什么说“实现双向绿波控制”是解决城市道路交通拥堵的一把“金钥匙”!

但是,实现“绿波”优化控制,尤其是“双向绿波”优化控制绝非一件容易之事。因为联网多个交叉口信号灯(比如10个),在一个控制决策下进行统一控制,是一个十分复杂的系统。所谓一个决策,是指所有信号灯是在一个周期设定下,同步实时进行最优控制的系统。我们知道一个交叉口具有12个运动交通流,即4个入口均包括左转、直行、右转3个方向的交通流。我们的信号灯是对每一个交通流进行“最优”控制,使其在交叉口的等待延误时间最短。因此,一个交叉口信号灯“优化”控制实际上是一个12维矩阵的最优控制问题。如果要实现10个交叉口联网控制,那么这就是一个120维的矩阵方程的最优求解问题了。学过高等数学的人都可以理解这个120维矩阵最优化问题是多么复杂!

我们国家目前大部分城市交通管理部门对如何实现“绿波”信号灯优化控制是相当模糊的。由于缺乏正确理论知识支持,我们的交通管理部门在缺乏检验和分析手段的情况下,对某些部门或单位提出的所谓“单向绿波”控制或“双向绿波”控制就进行实施,对道路交通拥堵的缓解作用十分有限,有的甚至起负面作用。这种系统虽然可能对某一个方向交通流拥堵有所缓解,但是对其他大部分方向的交通流反而增加了拥堵程度。

这些所谓的“绿波”控制,最大问题是完全缺乏以正确理论为指导的成功软件运作作为支持,有的“绿波”系统完全是靠人工计算得出的。人工计算仅仅能够算出“一个方向”的绿灯应放在每一个交叉口位置激发的时间差(即相位差)。这种计算仅仅是简单的加减算术而已，完全不是我们说的对上百维矩阵进行的最优化计算！正是因为人工计算仅仅是在上百个元素中计算了某一个单独元素，与整个上百元素的矩阵优化计算完全是不沾边的。因此，这种简单的“单向绿波”控制，大部分情况是在“牺牲”其他方向交通流通行时间的情况下，来达到对“某个方向”交通流的绿灯时间增加的结果，虽然一个方向交通流畅通了，但是其他方向交通流更加拥堵了。这种方法是完全违背最优控制原理的“蹩脚”产品！

“双向绿波”信号灯控制必须由具有完整正确理论基础上实现的计算机软件程序来完成：这方面中国至今没有成熟和实践证明可靠的软件。

这里以上海市浦东张杨路“双向绿波”信号控制为例进行解析。上海市张杨路作为上海浦东新区城市快速干道，是浦东新区南北向的主要通道，在项目实施之前是高峰期浦东新区的一条十分拥堵的主干道。南我公司承担的“上海市张杨路信号‘双向绿波’优化控制设计”项目，通过对原有问题进行深入仔细调研分析，系统地对道路渠化、交通流分析、信号灯绿波优化控制等一系列措施提出了改进方案。目前该项目已在道路上成功实施，实现了“双向绿波”行驶效果，极大程度上解除了交通拥堵现象。

（1）“双向绿波”信号的带宽如表6-1所示。

表6-1　张扬路“双向绿波带”宽度

交叉路口	西向东（民生路—德平路）	东向西（德平路—民生路）
民生路交叉口	50 s	30 s
巨野路交叉口	55 s	60 s
苗圃路交叉口	52 s	56 s
崮山路交叉口	50 s	40 s
罗山路交叉口	30 s	52 s
德平路交叉口	25 s	55 s

从表 6-1 可以看出上海市张杨路南我公司设计的双向绿波带宽平均接近 50s，绿波带最低确保由西向东 25s 和由东向西 30s。这种带宽能够较好解除交通拥堵，达到畅通化目的。

（2）双向绿波优化结果时空图如图 6-1 所示（绿色斜线之间的间隔即是“绿波带”宽度）。

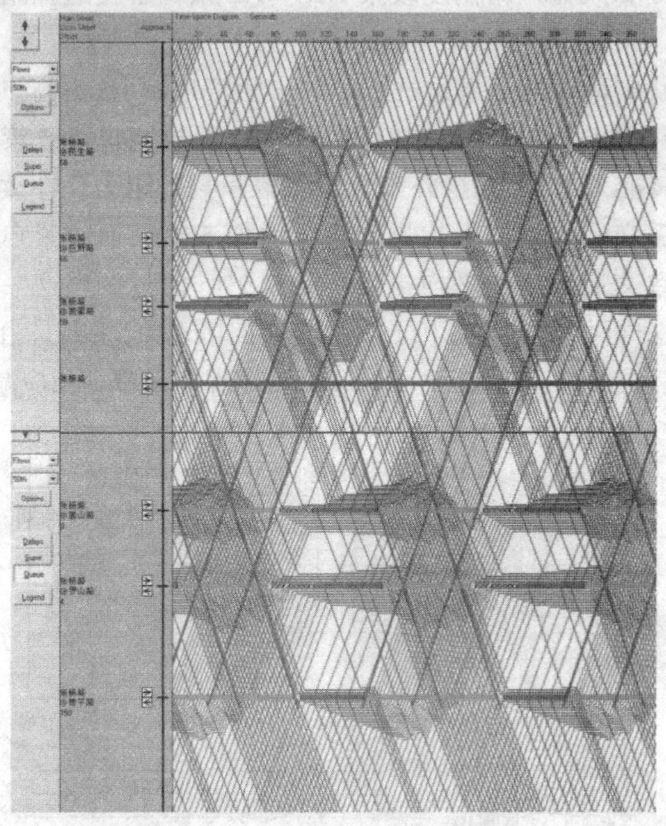

图 6-1　张杨路优化结果时空图

第四节　我国城市交通拥堵治理策略

一、政策因素对交通拥堵的影响

通过调整户籍政策、限号政策、限行政策、货车使用率、道路投资转化率等政策性因素，研究交通拥堵的变化规律。

（一）户籍政策

假定现有户籍政策 HRP=1，研究在收紧户籍制度政策 HRP=0.8 和放宽户籍制度政策 HRP=1.2 条件下交通拥堵的变化规律。

收紧户籍政策是指通过严格的户籍管理制度，提高户口准入门槛，减少外来人口获得户籍的可能性，而放宽户籍政策是通过降低户口准入条件，减少外来人口获取户籍的阻力。在放宽户籍制度以后交通拥堵的平均指数将会增加 5.6%，而收紧户籍制度政策导致交通拥堵的平均指数下降 9.5%，通过调整这一政策状态，发现户籍收紧政策有利于缓解交通拥堵现象，主要是由于减少了城市常住人口，不论是出行量和机动车保有量都会相应减少。

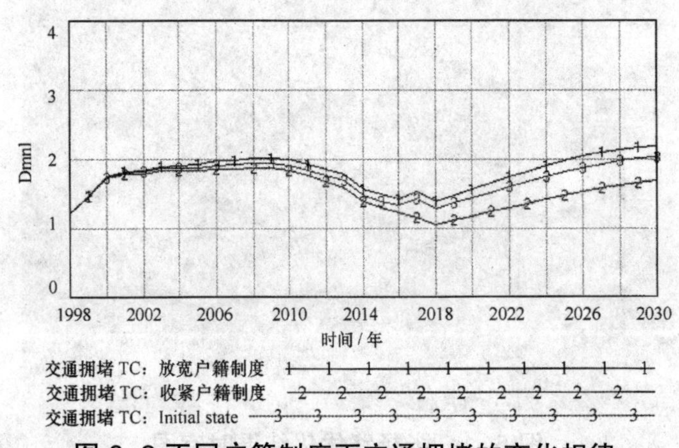

图 6-2 不同户籍制度下交通拥堵的变化规律

（二）限号政策

假定现有限号政策初始状态 LNP=1，研究当调整限号政策 LNP=0.8 和 LNP=1.2 状态下交通拥堵的变化，也就是实行机动车数量管制制度和不管制制度两种状态。

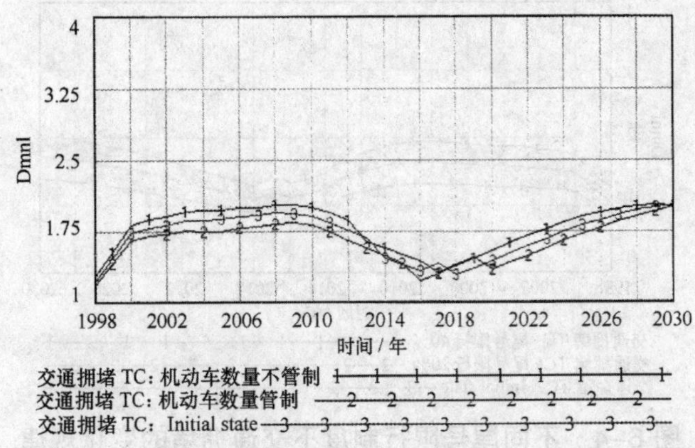

图 6-3 不同机动车数量制度下交通拥堵的变化规律

从图 6-3 中可以看出，机动车数量管制在短时期内可以有效缓解交通拥堵现象，但是在 2029 年以后三种交通拥堵指标基本趋于一致，在鼓励机动车增长制度下交通拥堵的平均指数将会增加 4.5%，而限制机动车增长政策导致交通拥堵的平均指数下降 4.3%，因此通过机动车数量来缓解交通拥堵矛盾的作用有限，只是在一定程度上使交通拥堵的恶化速度降低。

（三）限行政策

假设限行政策初始状态 RAP=0，研究当 RAP=0.2 和 RPA=0.4 状态下的交通拥堵变化规律，即尾号限行 20% 和尾号限行 40%，如图 6-4 所示。

尾号限行制度是指通过限制一定数量的机动车调节城市居民出行结构的政策。当实行 20% 的机动车限行时，假设会有 20% 的私家车出行会转移到公共汽车出行，当实行单双号政策时，假设会有 40% 的私家车会选择公共汽车出行。

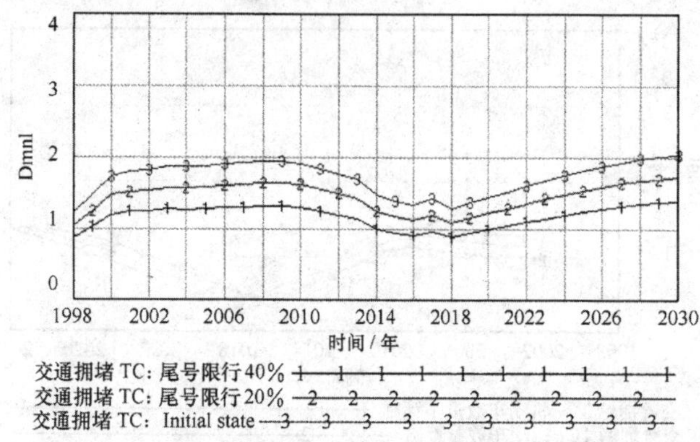

图 6–4　不同尾号限行制度下交通拥堵的变化规律

二、我国城市交通拥堵状况及治理策略

根据我国学者的研究成果，我国交通事业的发展可以按历史阶段划分为四个时期：第一个时期是中华人民共和国成立前期（1949 年以前），第二个时期是中华人民共和国成立初期（1949—1977 年），第三个时期是改革开放时期（1978—2000 年），第四个时期是快速发展时期（2001 年至今）。每个时期的交通特征也不同。

（一）第一个时期

新中国成立前期，起步阶段。城市交通工具的发展大都是应运而生，从最初的马车到自行车。从独轮车到人力车，再从有轨电车到汽车，随着交通方式的竞相出现和管理的相应缺乏，交通拥挤也就不可避免地出现了，主要表现为行人、马车、自行车和人力三轮车、电车和汽车对道路空间的相互争用。

（二）第二个时期

新中国成立初期，发展阶段。新中国成立初期进行的大规模基础设施建设，使得道路条件明显改善，同期汽车增长缓慢，道路容量大于交通量，城市交通比较畅通，车速稳定，交通有了进一步发展。

（三）第三个时期

改革开放时期，壮大阶段。改革开放以来，我国城市化进程不断加快，车辆高速度增长，商业贸易和金融等活动向高度密集性方向发展，乡村人口快速向城市流动；另外，相应的道路交通设施建设缓慢，交通管理水平相对落后，交通意识跟不上形势的发展。两种力量的冲突交汇形成了严重的交通拥挤现象。

（四）第四个时期

快速发展时期，飞跃阶段。目前我国经济发展处于持续增长的阶段，城市人口聚集效益日益增强。因此，城市化进程将以聚集为主要发展方式，城市数量增加，各类城市逐步升级，小城市发展成中等城市，中等城市发展成大城市，城镇密集地区则逐步演化为城镇裙带。大城市、特大城市将进一步强化中心城市的职能，在规模扩大的同时，充分利用“四维”空间的潜能扩大城市容量，加强对周边地区的辐射能力。

在城市形态上表现为城市规模扩大，城市用地向城市郊区扩展，交通拥堵问题越来越严重，不但由“点”到“线”、由“线”到“面”、涉及整个城市，而且由一线城市到二线城市、由二线城市到支线城市蔓延。

三、解决城市交通拥堵策略的提出

因为道路交通拥堵给社会带来的负面作用太大，为了改善城市道路交通状况，减少拥堵带来的负面作用，长期以来，国内外专家学者、科研部门、政府机关、民间团体、社会群众都给予了极大的关注，从技术上、管理上、法律上创新了多种多样的缓解拥堵的策略。

（一）提高道路交通管理水平，采用科学的交通组织策略

为了解决日趋严重的交通问题，完善道路交通系统的功能，一方面，需要通过改造路网系统，拓宽路面，增添交通设施以及道路建设等城市交通必需的“硬件”建设来实现。另一方面，需要通过采用科学的管理手段，把现代高新技术引入交通管理中来，提高现有路网的交通性能，从而改善整个道路交通的效率，提高道路设施的利用率。前者受财力、物力的限制，并且不能在短期内解决；而后者投资少、见效快，具有普遍意义和现实意义。

分析我国一些城市道路交通所出现的交通拥堵状况，并非完全由于道路面积不够，实际上与道路及交通设施能否有效利用有很大关系。因此，提高道路交通管理水平，采用科学的交通组织策略，发挥现有道路的潜在效能，是解决道路交通问题的有效途径之一。

（二）采用道路交通组织的基本策略

在交通组织中运用较多的策略大致分为三类。

1. 交通规划策略

交通规划策略，是指在道路交通组织中对道路系统的规划、车道的规划、路口的规划、交通流的分布规划、流向的规划等。交通规划策略是其他交通组织策略实施的前提和依据，在交通组织中有着十分重要的作用。交通规划策略是针对特定区域内交通流的特性及其变化趋势和城市道路的布局，通过对路幅综合布置，对路段及交叉路口几何参数的调整，采取适当的交通管理手段，组织最优的交通流，充分发挥整个路网系统潜力。

2. 交通设施策略

交通设施策略，是指采用包括交通安全设施、交通管理设施

和交通服务设施在内的策略来实施道路交通流的组织[①]。

3. 行政策略

行政策略，是指道路交通管理行政部门根据道路交通管理法规，对车辆和行人在道路上的通行以及其他与交通有关的活动制定的禁止性、限制性或指示性的具体规定，它是交通规划策略和交通设施策略的补充与保证。

这三种策略虽然从各自的角度进行交通组织，但在具体实施中往往是相互结合、相互补充的。

具体策略还可以根据其他方法分为道路交通分离、道路交通流量均分、交通总量控制、经济管理策略、交通渠化策略和智能交通技术策略、交通影响评价等。

（三）采用道路交通分离的策略

道路交通分离，是指采用科学的交通管理手段，对不同方向、不同车种、不同特点的交通流在时间或空间上进行分离，使道路上的各种车辆、行人各行其道，按顺序行驶。道路交通分离可用不同的方法分为不同的种类：按分离的具体策略不同划分为（1）法规分离，（2）物体分离；按分离的形式不同划分为（1）空间分离，（2）时间分离；按分离的对象不同划分为人车分离，（1）机动车与机动车分离；（2）机动车与非机动车分离。

（四）重点拥堵源的改造策略

城市道路交通拥堵有些情况是因为一些个别道路或道路节点交通问题形成交通拥堵的。一个交通拥堵发源点，进而影响周边道路交通拥堵，这就是交通拥堵源。如果不能够正确判别拥堵源，而把改造措施放在周边道路，那么很可能无法真正解决拥堵

① 交通设施的设置具体体现道路交通管理的意图，它通过静态的形式，传递有关道路的信息，约束交通参与者的行为并为交通参与者提供服务，从而达到对道路交通实施调节和控制的目的。

问题。因此，在解决城市道路交通拥堵时，很重要的一项任务是必须准确地找出这些影响周边道路交通问题的“拥堵源”，这些拥堵源往往通过拥堵片区调研分析后才能够判断准确。改善解决这些主要交通拥堵源才可能真正解决城市一些重要道路的交通拥堵问题。

1. 重点拥堵源调研分析

城市一小片区域交通拥堵的情况，往往能够发现问题的症结是某个交通节点、交通要道、交通进出口、公交站场或市场等地点的交通混乱所致，而这些交通混乱拥堵点即是影响周边小片区域交通混乱拥堵的“源”。

因此，对这些重点交通拥堵源的调研需要仔细观察这个片区的交通流情况，通过对交通流走向分析，寻找出交通流形成的起点和发生拥堵的原因。调研应该注重以下方面：

（1）交通流在拥堵源周边的走向和走向的合理性分析。很多情况下，因为某个拥堵点形成交通流走向的改变，进而影响其他道路的交通。

（2）拥堵道路或拥堵点位置的道路或交叉口几何设计是否正确，或者是否需要扩大车道、改变车道分配等；

（3）是不是某个节点交通控制错误所致，如车道分配不合理问题、信号灯控制不合理问题等；

（4）拥堵源点是否存在多种影响交通的因素，这些因素是否能够逐个解决；

（5）解决方案是否还牵涉较大的改造规划，是否可设计出“近期与远期”实施方案。近期方案应该是投资较少、工程较简单、收效明显的项目；远期方案一般是投资较大，工程期较长的项目，是根本性改变现状较为彻底的解决方法。

2. 重点拥堵点周边道路优化改造

在通过仔细科学调研与专业化交通流分析后，根据轻重缓急对拥堵点周边道路、交叉口、进出口等位置的交通优化改造是改

善拥堵源交通状况必需的措施,其中应该注重考虑如下方面:

(1)车道正确分配;

(2)左转车道设置;

(3)行人、自行车交通优化控制与改造(包括天桥、隧道设置);

(4)信号灯控制的优化;

(5)拥堵源的道路优化改造、道路拓宽等措施;

(6)拥堵源涉及的公交车站优化改造;

(7)拥堵源的机动车、非机动车、行人交通的分离改造等。

四、城市交通拥堵策略及其效果

(一)交通发生源策略

1.混合土地使用

(1)策略的主要内容和要点:提供就近出行的工作生活条件,建设温馨宜居的城市环境。

(2)策略目标与效果:有效地减少居民出行需求总量,缩短居民出行距离,形成有利于绿色交通发展的交通需求特性。

2.TOD 开发模式

(1)策略的主要内容和要点:实现交通与土地利用整合发展的途径与手段,核心主张是紧凑布局、混合使用的用地形态,提供良好的公共交通服务和绿色出行环境,提倡高强度开发。

(2)策略目标与效果:为利用公交提供方便条件;为步行及自行车交通提供良好的环境;公共设施及公共空间临近公交车站;营造绿色交通环境。

3.就近上班策略

(1)策略的主要内容和要点:职住均衡,上班的地方要离居住的地方相对较近;提倡商业、办公、居住、休闲、交通等功能混合布置，规划区域内提供均衡的就业岗位与居住条件。

（2）策略目标与效果：减少通勤交通总量；缩短通勤交通距离；避免“钟摆式”交通。

4. 就近上学策略

（1）策略的主要内容和要点：严格实行学区制；建立学区通学道路系统，保证学生上下学安全；建立学生上学社会组织管理体系；实施教育资源均等化。

（2）策略目标与效果：减少接送学生交通，实现学生步行、自行车或公交方式独立上下学，缓解学校周边交通压力，减小家长接送孩子压力。

5. 就近购物策略

（1）策略的主要内容和要点：提供与住区配套的商业、超市和农贸市场，在住区附近完成全部购物活动。

（2）策略目标与效果：实现人们就近购物，减少机动化购物出行。

6. 就近活动策略

（1）策略的主要内容和要点：合理配置城市公共设施、城市医疗卫生、城市休闲健身功能、城市交流功能。

（2）策略目标与效果：实现人们就近活动，减少机动化出行次数和日常活动出行距离。

7. 构建生态城市单元

（1）策略的主要内容和要点：以 2 km 半径的圆形及 4 km 边长的矩形范围作为城市开发的基本单元，以交通枢纽为核心，提供步行自行车优先、公交系统方便、职住均衡、学校和商业配置齐全，有特色和魅力的生态城市单元[①]。

（2）策略目标与效果：减少大规模长距离交通出行；创造生

① 单元具有主体功能，形态和功能构成及文化上各具特色，由点单元、线单元、面单元和体单元等多种不同的生态城市单元构成。

态宜居环境、推动绿色交通主导;提供市民交互的开敞空间,实现减少拥堵、环保节能的目的。

（二）交通结构调整策略

1. 优先发展城市公共交通

（1）策略的主要内容和要点:构建以公共交通为主体的综合交通系统,提高公交服务水平。

（2）策略目标与效果:提高公交竞争力和公交分担率。

2. 建设完善的自行车系统

（1）策略的主要内容和要点:打造连续安全舒适的自行车交通系统。

（2）策略目标与效果:提高短距离出行的自行车分担比例,引导形成绿色交通出行模式。

3. 建设完善的步行道路系统

（1）策略的主要内容和要点:打造连续安全舒适温馨的步行交通系统。

（2）策略目标与效果:提高短距离出行的步行分担比例,引导形成绿色交通出行模式。

4. 建设一体化综合交通枢纽

（1）策略的主要内容和要点:实现多种交通方式的无缝衔接、零距离换乘,强化枢纽与周边土地一体化开发。

（2）策略目标与效果:方便换乘、引领城市交通结构和城市空间结构调整,建设绿色、高效、安全的综合交通系统。

5. 提供多样化的公共交通服务

（1）策略的主要内容和要点:根据不同的需求特性提供不同层次、多样化、有特色的公交服务。

（2）策略目标与效果:提高公交分担率和公交吸引力,满足多样化的公交需求。

（三）路网结构调整策略

1. 合理的级配结构

（1）策略的主要内容和要点：合理配置主次支不同等级道路的比例。

（2）策略目标与效果：提高通行能力和通行效率。

2. 合理的连通结构

（1）策略的主要内容和要点：不同层次道路合理连接，避免支路直接与主干路连接、主干路开口过多等。

（2）策略目标与效果：消除交通瓶颈、提高道路网络整体通行能力和通行效率。

3. 合理的功能结构

（1）策略的主要内容和要点：道路功能（交通性、生活性）与周边土地使用相协调、服务于周边土地使用。

（2）策略目标与效果：实现交通系统方便、高效、安全的目的。

4. 合理的空间布局

（1）策略的主要内容和要点：根据不同城市性质、土地使用、交通需求特性、自然地理特点、历史文化传承等决定不同城市道路的空间布局形态。

（2）策略目标与效果：道路网布局应与城市城镇体系规划和城市规划、城市空间发展战略、城市各组团发展规划相适应，满足城市日常交通需求。

5. 合理的横断面构成

（1）策略的主要内容和要点：以人为本，贯彻公共交通、非机动车和行人优先原则，合理配置道路横断面资源。

（2）策略目标与效果：向绿色交通倾斜、优先步行、自行车和公共交通，保障行人和车辆安全快捷通行。

6. 与绿化美观的关系

(1)策略的主要内容和要点：在满足交通需求和保证交通安全的前提下充分考虑绿化景观要素。

(2)策略目标与效果：在保证交通安全的前提下提高道路交通美观性和舒适性。

(四)科学交通管理策略

1. 完善停车设施

(1)策略的主要内容和要点：合理确定停车设施规模及分布。

(2)策略目标与效果：满足机动化发展的合理停车需求。

2. 制定科学的停车管理策略

(1)策略的主要内容和要点：针对不同区域、不同时段，作为小汽车出行需求的调控手段，制定合理的停车管理策略。

(2)策略目标与效果：有针对性的停车管理策略既可以满足合理停车需求，又能引导交通结构的健康发展。

3. 加强停车执法

(1)策略的主要内容和要点：提供停车信息服务与引导，加强违法停车处罚力度。

(2)策略目标与效果：促进停车入位，减少路边停车，提高公交服务水平。

4. 建立停车设施建设使用的监督机制

(1)策略的主要内容和要点：保障按照配建停车标准建设；避免停车设施挪作他用；保障停车统一管理。

(2)策略目标与效果：保障停车规划及政策的落实，避免停车设施挪作他用。

5. 处理好路边停车与路外停车的关系

（1）策略的主要内容和要点：以路外停车为主，路边停车为补充，尽量减少路边停车。

（2）策略目标与效果：既满足合理停车需求，又减少对道路通行资源的占用，以静制动。

（五）一体化交通策略

1. 交通系统与土地使用的一体化（区域层面）

（1）策略的主要内容和要点：绿色交通主导；不同交通方式合理分工优势互补；组团内交通以步行和自行车为主。

（2）策略目标与效果：解决多种交通方式分工合作，避免重复投资和决策失误、避免恶性竞争和资源利用率低下，实现针对不同交通需求特性确立不同主导交通方式的目的。

2. 交通方式间的一体化（通道层面）

（1）策略的主要内容和要点：交通枢纽与周边土地一体化开发；不同交通方式间无缝衔接、零距离换乘；注重城市公共空间、城市特色。

（2）策略目标与效果：既要解决与周边土地使用的一体化问题，也要解决不同交通方式的无缝衔接，零距离换乘问题。

3. 交通枢纽的一体化（节点层面）

（1）策略的主要内容和要点：交通枢纽与周边土地一体化开发；不同交通方式间无缝衔接、零距离换乘；注重城市公共空间、城市特色。

（2）策略目标与效果：既要解决与周边土地使用的一体化问题，也要解决不同交通方式的无缝衔接，零距离换乘问题。

4. 管理机制体制的一体化（管理层面）

（1）策略的主要内容和要点：保证规划决策、运营管理、政策策略的一致性、科学性和前瞻性。

（2）策略目标与效果：交通系统是一个复杂的系统工程，涉及多个部门、多个学科、多个环节，因此需要建立实现一体化的协调保障机制。

（六）智能交通系统策略

1. 信息、采集

（1）策略的主要内容和要点：建立完善的道路交通流信息采集系统。

（2）策略目标与效果：为信号控制、交通运行组织、交通态势分析和辅助决策等提供数据和信息依据。

2. 动态分析与辅助决策

（1）策略的主要内容和要点：根据实时交通流信息进行动态分析，为交通管理决策提供实时手段。

（2）策略目标与效果：为交通组织、管理、相关决策提供支撑。

3. 智能信号控制

（1）策略的主要内容和要点：实现点线面的实时智能信号控制。

（2）策略目标与效果：使交通延误最小、通行能力最大、安全畅通。

4. 交通状况分析与科学交通组织

（1）策略的主要内容和要点：根据交通需求特性和道路交通网络特点，进行科学交通组织管理。

（2）策略目标与效果：提高区域交通运行效率。

5. 多样化的交通信息服务

（1）策略的主要内容和要点：提供多途径、多形式、实时动态的交通信息服务。

（2）策略目标与效果：实现交通诱导、提高出行效率、减少交通拥堵、节能环保。

6. 特勤管理

（1）策略的主要内容和要点：根据特勤需求，智能规划设计特勤路线和组织调度指挥方案。

（2）策略目标与效果：实现特勤车辆安全、顺畅、不停车通行，减小对社会车辆影响。

（七）交通需求管理策略

1. 建设交通负荷小的城市

（1）策略的主要内容和要点：促进合理的城市结构与土地使用。通过混合土地使用、混合建筑物类型等实现职住均衡；通过合理规划设计学区通学路系统和社会组织等减少学区内接送孩子上下学交通；通过规划设计生态城市单元，使市民近距离出行采用步行自行车、远距离出行乘坐公交车。

（2）策略目标与效果：减少交通出行总量，缩短出行距离。

2. 促进对公共交通的利用

（1）策略的主要内容和要点：提高公交吸引力和服务水平，促进人们出行利用公共交通方式。

（2）策略目标与效果：提高公交分担率，减少机动车出行量。

3. 在时间上均衡交通流

（1）策略的主要内容和要点："削峰填谷"，措施包括错时上下班、弹性工作制、限时通行等。

（2）策略目标与效果：分散高峰期过度集中的交通量，减少交通拥挤。

4. 在空间上均衡交通流

（1）策略的主要内容和要点：通过诱导、管制等措施使得路网上交通负荷均衡化，避免交通需求在空间上的过度集中。

（2）策略目标与效果：均衡交通负荷的空间分布，缓和拥堵路段或区域的过度集中交通压力。

5. 小汽车的拥有管理

（1）策略的主要内容和要点：主要分为限额制度和税费两方面的政策。

（2）策略目标与效果：通过政策限制、提高购车成本或提高用车成本，从而实现控制小汽车保有总量，减缓小汽车增长速度的目的。

6. 小汽车的使用管理

（1）策略的主要内容和要点：限行、停车收费、拥堵费用、鼓励绿色出行。

（2）策略目标与效果：引导限制机动车使用频度，降低小汽车出行率和分担率。

7. 租赁小汽车系统

（1）策略的主要内容和要点：汽车租车是一项减少小汽车保有的有力措施，以租代购。

（2）策略目标与效果：可降低小汽车保有量，提高车辆的使用效率，实现资源共享，可有效降低小汽车保有量的增长速度。

（八）交通行为策略

1. 文明交通行动

（1）策略的主要内容和要点：通过不同方式的交通宣传提高交通参与者的交通法规意识和交通文明程度。

（2）策略目标与效果：规范交通行为、提高交通道德水准。

2. 完善交通工程设施

（1）策略的主要内容和要点：通过隔离护栏、减速设施、禁入设施、监控设施等规范交通出行者的交通行为。

（2）策略目标与效果：规范交通行为、提高交通安全性。

3. 严格执法

（1）策略的主要内容和要点：通过交通执法约束交通参与者的不良交通行为，促进养成遵法守法的良好习惯。

（2）策略目标与效果：依法行车走路、礼让行人、形成良好的交通道德。

4. 加强教育

（1）策略的主要内容和要点：向交通出行者宣传交通法规、交通安全常识、安全交通经验和技能。

（2）策略目标与效果：促进良好交通秩序和守法意识的形成。

5. 媒体宣传

（1）策略的主要内容和要点：通过多种形式尤其是案例分析警示交通出行者，提高交通出行者的守法意识和交通安全意识。

（2）策略目标与效果：促进良好交通秩序与交通意识的形成。

6. 全社会齐抓共管

（1）策略的主要内容和要点：通过制度、政策、法规、规章和参与等促进形成全社会齐抓共管交通教育与安全的局面。

（2）策略目标与效果：形成全社会参与交通教育，全社会重视交通安全的局面。

（九）支撑与保障体系

1. 完善法规与标准

（1）策略的主要内容和要点：完善相关交通法规、交通规范标准。

（2）策略目标与效果：有法可依、有标准可循。

2. 保障交通投入

（1）策略的主要内容和要点：建立稳定的投资渠道，保证与经济发展相适应的交通投入。

（2）策略目标与效果：保证交通建设与研究投入。

3. 加强交通研究

（1）策略的主要内容和要点：发挥高等院校、科研机构作用，加强交通理论与方法研究。

（2）策略目标与效果：提高交通研究水平，指导交通科学发展。

4. 完善交通规划

（1）策略的主要内容和要点：制定具有实用性和先进性的各类交通规划，指导交通设施的建设与运营。

（2）策略目标与效果：在规划指导下科学建设和使用交通设施。

参考文献

[1] [美] 里德 · 尤因著 . 交通与土地利用的创新——寻找交通堵塞的解决之道 [M]. 李翅译 . 北京：中国建筑工业出版社，2014.

[2] 白寿彝 . 中国交通史 [M]. 北京：中国文史出版社，2015.

[3] 陈少青 . 大容量公共交通引导模式下的城市空间规划设计策略 [J]. 规划师，2013（11）.

[4] 方豪 . 中西交通史 [M]. 杭州：浙江大学出版社，2016.

[5] 冯树民 . 白什砚 . 慈玉生 . 城市公共交通 [M]. 北京：知识产权出版社，2012.

[6] 过秀成 . 城市交通规划 [M].2 版 . 南京：东南大学出版社，2017.

[7] 黄兴安 . 公路与城市道路设计手册 [M]. 北京：中国建筑工业出版社 .2005.

[8] 李聪颖 . 城市慢行交通规划方法研究 [D]. 西安：长安大学，2011.

[9] 李作敏 . 交通工程学 [M]. 北京：人民交通出版社，2000.

[10] 林群，张晓春，李锋，等 . 从理念到行动：新时期城市交通规划设计实践 [M]. 上海：同济大学出版社，2017.

[11] 刘明洁，熊建 . 城市道路交通拥堵问题研究——以南昌市为视角 [M]. 北京：中国人民公安大学出版社，2013.

[12] 陆化普，王长君，陆洋 . 城市交通拥堵机理与对策 [M]. 北京：中国建筑工业出版社，2014.

[13] 毛保华，李夏苗，牛惠民 . 城市轨道交通系统运营管理

[M]. 北京：人民交通出版社，2017.

[14] 裴玉龙，李洪萍，蒋贤才，等 . 城市交通规划 [M]. 北京：中国铁道出版社，2007.

[15] 齐婷婷 . 城市综合交通规划效能评价 [D]. 济南：山东理工大学，2013.

[16] 任福田，刘小明，等 . 交通工程学 [M]. 北京：人民交通出版社，2003.

[17] 邵春福 . 城市交通规划 [M]. 北京：北京交通大学出版社，2014.

[18] 沈建武，吴瑞麟 . 城市道路与交通 [M].3 版 . 武汉：武汉大学出版社，2017.

[19] 沈建武，吴瑞麟 . 城市交通分析与道路设计 [M]. 武汉：武汉大学出版社，2001.

[20] 石京 . 城市道路交通规划设计与运用 [M]. 北京：人民交通出版社，2013.

[21] 同楠森 . 城市交通规划 [M]. 北京：机械工业出版社，2011.

[22] 王伯惠 . 道路立交工程 [M]. 北京：人民交通出版社，2000.

[23] 韦冬莉，焦雯雯 . 城市交通规划概论 [M]. 北京：中国财富出版社，2016.

[24] 文国玮 . 城市交通与道路系统规划 [M]. 北京：清华大学出版社，2013.

[25] 吴海俊 . 城市道路设计思路与技术要点 [J]. 城市交通，2011（11）.

[26] 向达 . 中西交通史 [M]. 长沙：岳麓书社，2012.

[27] 杨励雅 . 城市交通与土地利用的互动关系——模型与方法研究 [M]. 北京：中国建筑工业出版社，2012.

[28] 钟绍鹏，隽海民 . 城市土地利用与交通整合理论、方法和实践 [M]. 北京：科学出版社，2018.

[29] 周蔚吾 . 城市道路交通畅通化设计技术：交通拥堵原因分析与实例详解 [M]. 北京：知识产权出版社，2013.

[30] 朱明皓 . 城市交通拥堵对社会经济发展的动力学机制与疏导策略 [M]. 北京：电子工业出版社，2017.

[31] 温巍 . 山地城市步行交通规划方法研究 [D]. 重庆：重庆交通大学，2011.

[32] 张三省，姚志刚 . 公路运输枢纽规划与设计 [M]. 北京：人民交通出版社，2007.

[33] 王富 . 交通工程基础 [M]. 北京：北京大学出版社，2013.

[34] 袁振洲，魏丽英，谷远利 . 城市交通管理与控制 [M]. 北京：北京交通大学出版社，2013.